E-Auto einfach erklärt

Timo Kauffmann beschäftigt sich seit 2015 mit dem Thema »Elektroautos«, fährt seit zwei Jahren selbst elektrisch und würde nie wieder zurück auf einen Verbrenner wechseln. Sein erstes Buch »E-Auto einfach erklärt« veröffentlichte er zunächst als Selfpublisher, bevor es nun in deutlich aktualisierter und erweiterter Form beim dpunkt.verlag erscheint. In seinem Buch widerlegt er anhand von Studien und eigenen Erfahrungen viele Vorurteile gegenüber der Elektromobilität und möchte allen, die selbst überlegen, ein E-Auto zu kaufen, eine solide Wissens- und Entscheidungsgrundlage geben.

Timo Kauffmann

E-Auto einfach erklärt

Von A wie Akku bis Z wie zu Hause laden

Timo Kauffmann

Lektorat: Boris Karnikowski
Lektoratsassistenz: Anja Weimer
Fachlektorat: Philipp Burkart
Copy-Editing: Sofie Lichtenstein
Layout und Satz: Veronika Schnabel
Grafiken: Lukas Adams, *www.zum-goldenen-pixel.de*, nach Vorlagen des Autors
Herstellung: Stefanie Weidner, Frank Heidt
Umschlaggestaltung: Helmut Kraus, *www.exclam.de*
Druck und Bindung: mediaprint solutions GmbH, 33100 Paderborn

Bibliografische Information der Deutschen Nationalbibliothek
Die Deutsche Nationalbibliothek verzeichnet diese Publikation in der Deutschen Nationalbibliografie; detaillierte bibliografische Daten sind im Internet über *http://dnb.d-nb.de* abrufbar.

ISBN:
Print 978-3-86490-825-5
PDF 978-3-96910-330-2
ePub 978-3-96910-331-9
mobi 978-3-96910-332-6

1. Auflage 2021

Wieblinger Weg 17
69123 Heidelberg

Hinweis:
Dieses Buch wurde auf PEFC-zertifiziertem Papier aus nachhaltiger Waldwirtschaft gedruckt. Der Umwelt zuliebe verzichten wir zusätzlich auf die Einschweißfolie.

Schreiben Sie uns:
Falls Sie Anregungen, Wünsche und Kommentare haben, lassen Sie es uns wissen: *hallo@dpunkt.de.*

5 4 3 2 1 0

INHALT

WARUM ICH DIESES BUCH GESCHRIEBEN HABE

Mein Name ist Timo Kauffmann, ich bin 30 Jahre alt, glücklich verheiratet und habe eine Tochter im Alter von 2 Jahren. Von Beruf bin ich Technischer Zeichner für Stahl- und Metallbautechnik. Vielleicht rührt daher meine Affinität für Technik und Details, die mich unter anderem darin bestärkt hat, ein Auto mit neuer Antriebstechnik zu fahren und dieses Buch zu schreiben.

Vorher bin ich einen ŠKODA Fabia, Baujahr 2007, mit einer 1,2l-Maschine gefahren. Den Škoda hatte ich seit Beginn meiner Ausbildung zum technischen Zeichner. Von da an war es mir auch wichtig, möglichst viel Reichweite aus dem Liter Benzin herauszuholen und somit den Kraftstoffverbrauch gering zu halten. Seitdem ich elektrisch unterwegs bin, finde ich den Gedanken daran merkwürdig, an eine stinkende Zapfsäule zu fahren und ein leicht entflammbares sowie übelriechendes flüssiges Überbleibsel von Lebewesen von vor über Millionen Jahren in den Tank zu füllen, nur um es dann im Motor zu verbrennen …

Ich fahre nun übrigens ein Tesla Model 3 – Long Range RWD in der Farbe Schwarz – sollte man vielleicht erwähnt haben, wenn es schon um E-Autos geht.

Seit gut zwei Jahren fahre ich nun elektrisch, und ich habe festgestellt, dass, wann immer ich Fragen hatte, ich mich selbst zum Thema »Elektromobilität« informieren musste. Es gibt nach wie vor keine einheitlichen Quellen. Man muss sich immer noch aus verschiedenen Blogs und Internetseiten sein Wissen »zusammenklauben« und hinterfragen, ob die angegebenen Informationen sinnvoll und richtig sind.

Diese Problematik hat mich dazu bewegt, dieses Buch, das auch das ein oder andere Vorurteil gegenüber der Elektromobilität aus dem Weg räumen soll, zu schreiben. Ich möchte Ihnen einen praktischen Ratgeber zum Nachschlagen an die Hand geben.

Vorweg will ich Ihnen einen kurzen Überblick über die Anzahl der im Jahr 2020 zugelassenen E-Autos in Deutschland geben. Denn auch für mich ist es interessant, wie sich die Elektromobilität in Deutschland entwickelt. In der folgenden Abbildung habe ich die Neuzulassungen der E-Autos für Deutschland im Jahr 2020 (Stand November 2020) dargestellt.

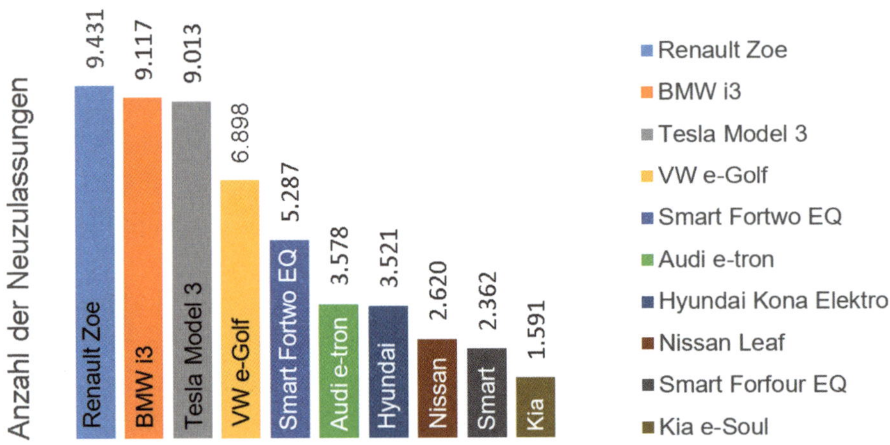

Anzahl neu zugelassener E-Autos in Deutschland im Jahr 2020

Insgesamt sind im Jahr 2020 in Deutschland 150.492 reine E-Autos zugelassen worden (Stand November 2020).

Im Vorjahr 2019 wurden 63.281 reine E-Autos zugelassen. Die Neuzulassungen für das Jahr 2020 haben um 137,82 % zugenommen und sich somit mehr als verdoppelt. Im Vergleich dazu waren es im Jahr 2018 nur 36.062 Neuzulassungen.

Der Anstieg der Neuzulassungen ist beachtlich! Ich denke, wir können gespannt sein, was das Jahr 2021 für uns bereithalten wird – vor allem mit dem ID.4 von Volkswagen.

Sämtliche Informationen in diesem Buch habe ich nach bestem Wissen und Gewissen recherchiert und zusammengetragen. Die angegebenen Werte etwa zu den Ladezeiten sind von vielen Faktoren abhängig und wurden daher nur verallgemeinert. Die Preisauskünfte entsprechen dem Stand von Dezember 2020. Ich kann Ihnen keine Garantie zu den aufgeführten Ladezeiten oder Preisen geben. Alle Angaben sind daher ohne Gewähr.

Da sich die Elektromobilität aktuell in einer rasanten Entwicklung befindet, vermag das Buch lediglich einen Überblick zu geben, der nicht über den Redaktionsschluss (Dezember 2020) hinausgeht. Um mit der Entwicklung mithalten zu können, müsste ich das Buch im Grunde wöchentlich aktualisieren, was natürlich nicht möglich ist.

Fehler sind nie ganz auszuschließen. Sollten Sie welche entdecken oder einfach nur Fragen oder Anregungen haben, können Sie mir gerne eine E-Mail an die folgende Adresse schicken: *e.auto.erklaert@gmail.com*.

DANKSAGUNG

An dieser Stelle möchte ich mich bei allen Personen bedanken, die zur Entstehung dieses Buches beigetragen haben.

Allen voran gilt ein ganz großer Dank meiner Frau Lea, die mich fleißig unterstützt und dazu ermutigt hat, weiter am Buch zu arbeiten und nicht aufzugeben. Ich danke dir, dass ich dich mit dem E-Auto-Thema ständig nerven konnte und du mir die Zeit zum Schreiben gegeben hast, ebenso für die vielen Anregungen und die hilfreiche Kritik.

Auch möchte ich meiner Tochter Mia dafür danken, dass sie mir in dieser Entstehungsphase ruhige Nächte zum Schreiben beschert hat.

Ein ebenso großer Dank geht an meine Schwester Lisa, die das Buch vorab gelesen und mir Unklarheiten aufgezeigt hat. Ich denke, dadurch ist die Lektüre für viele Leser*innen einfacher geworden.

Ein weiterer Dank geht an Sascha Blum. Vielen Dank, dass du dir das Thema Akku und Motor nochmal von der elektrotechnischen Seite aus angeschaut hast. Ich bin da einfach nur ein Laie. Ohne dich hätte der/die eine oder andere die Hände über dem Kopf zusammengeschlagen.

1 ZWEI ERFAHRUNGS-BERICHTE

Anfang 2021 sind in Deutschland bereits über 50 E-Auto-Modelle auf dem Markt und ca. 20 weitere sollen im Laufe des Jahres noch folgen. Die Preis- und Leistungsspannen sind entsprechend groß. Um dieser Vielfalt zu Beginn des Buches wenigstens ansatzweise Rechnung zu tragen, folgen hier die Erfahrungsberichte zweier begeisterter E-Autofahrer, die in zwei ganz unterschiedlichen Autos unterwegs sind: ich mit dem Tesla Model 3 Long Range RWD und mein Lektor Boris Karnikowski mit der Renault ZOE 110 (41 kWh).

1.1 EIN JAHR MIT DEM TESLA MODEL 3

Es war Juni 2019, als ich meinen schwarzen Elektroflitzer von der Marke Tesla (Model 3 – Long Range RWD) ausgehändigt bekam. Meine Wahl fiel bewusst auf Tesla: zum einen, weil die Fahrzeuge (Stand Mai 2020) nach wie vor die fortschrittlichsten auf dem Markt der Elektromobilität sind, zum anderen, weil Tesla sein eigenes Ladenetzwerk betreibt, das ich als essenziell für mein Fahrprofil erachte.

Mit dem Tesla sind wir (ich, mit Frau und Kind) schon einige Kilometer rein elektrisch unterwegs gewesen. Um genau zu sein: 48.417km (Stand März 2021). Wir sind an viele Orte gereist, nach Polen an die Ostsee, nach Frankfurt, Hamburg, nach Bayern, Berlin und so weiter. Ich muss sagen, bisher hatten wir nie diese typische »Reichweitenangst«. Bei unseren Roadtrips haben wir natürlich das Tesla Supercharger-Netzwerk genutzt, wobei auch öffentliche Ladesäulen unsere ständigen Begleiter waren.

Ich möchte Ihnen hier kurz die Navigation im Tesla vorstellen, die ich simpel und genial finde: Man gibt einfach sein Ziel ein und das Navigationssystem berechnet automatisch, wo, wie oft und wie lange am Supercharger-Netzwerk geladen werden sollte. Man muss sich um nichts weiter Gedanken machen: reinsetzen, Ziel eingeben und losfahren! Zusätzlich zeigt das Fahrzeug über die Internetverbindung im Navigationssystem an, wie viele Ladeplätze an den Superchargern bereits belegt sind. Ich empfinde das als große Erleichterung. So kann man besser entscheiden, ob man diesen Supercharger ansteuert oder doch lieber zum nächsten fährt.

Wenn Ihr E-Auto das nicht kann, nutzen Sie eine App

Sollte Ihr E-Auto nicht mit einer so komfortablen Navigation ausgestattet sein, nutzen Sie die Smartphone-App »PlugShare«. PlugShare ist kompatibel mit Apple CarPlay und Bestandteil von Android Auto – wenn Ihr E-Auto eines dieser beiden Systeme unterstützt, können Sie PlugShare auf dessen Display nutzen. Weiter hinten im Buch stelle ich Ihnen die App »A Better Routeplanner« vor, die ebenfalls sehr empfehlenswert ist, zum Zeitpunkt der

→

Drucklegung dieses Buches aber noch keine CarPlay-/Android Auto-Integration anbietet.

Das Funktionsprinzip des Ladens am Tesla Supercharger

An den Supercharger fahren, den Stecker nehmen, Ladeklappe öffnen, Einstecken, fertig! Unglaublich, aber wahr! Keine Authentifizierung und Freischaltung über Ladekarten, keine Apps! Das ganze System ist unkompliziert! Jedem Tesla-Fahrzeug ist ein Tesla-Account zugewiesen, wo ein Zahlungsmittel hinterlegt wird. In meinem Fall ist es eine Kreditkarte. Die Supercharger sowie die Tesla-Fahrzeuge verfügen über einen Internetzugang, über den das Fahrzeug automatisch authentifiziert wird. Das Laden kostet bei Tesla in Deutschland übrigens 0,36 € pro kWh (Stand März 2021). Es gibt zwei Modelle von Tesla, die kostenfrei am Supercharger-Netzwerk laden konnten: Das Model S und Model X. Beide sind Premium-Fahrzeuge von Tesla. Aktuell ist das Angebot zum kostenlosen Laden für das Model S und X gestrichen. Ich bin mir aber sehr sicher, dass es bald wieder für beide Modelle verfügbar sein wird.

Das Laden am Tesla Supercharger ist so simpel, dass jedes Kind ihn bedienen kann!

Mit der Zeit wird man zum Profi, was zügiges Rückwärtseinparken und das Einstecken des Ladesteckers am Supercharger angeht, und man schafft das komplette Prozedere innerhalb von 3 Minuten. Somit kann niemand mehr behaupten, dass der Vorgang an einer Ladesäule mehr Zeit in Anspruch nimmt als an einer Zapfsäule.

Am Supercharger hätten wir auf unseren Fahrten ca. 15 bis 20 Minuten pro Stopp laden müssen. Unsere Tochter hatte aber zumeist so wie wir das Bedürfnis, sich etwas länger die Beine zu vertreten. Das ist nach ca. 200 bis 250 km Strecke zwischen den Ladepausen auch verständlich. 15 Minuten reichen häufig nicht aus, um sich auf die Schnelle am Rasthof einen Kaffee zu holen. In der Regel hat das Auto also eher auf uns gewartet als umgekehrt.

Die öffentlichen Ladesäulen sind immer wieder ein kleines Abenteuer, da kommt dann der Entdecker und »Technik-Nerd« bei mir durch.

Den Säulen fehlen häufig Displays für Erläuterungen. Daher kommt man leider nicht umhin, sich die Ladestationen genauer anzusehen und alle Aufkleber und Anleitungen durchzulesen. Oft braucht nur eine bestimmte Reihenfolge nicht eingehalten zu werden und der Ladevorgang lässt sich nicht starten. Das ist mir schon recht häufig passiert, aber irgendwann kennt man die üblichen Verdächtigen. Bei den Säulen mit 22 kW lade ich mit AC (Wechselstrom) und kann somit – da ich auch ADAC-Mitglied bin – die meisten Säulen mit der »ADAC e-Charge«-Ladekarte nutzen. Diese kostet bei der AC-Ladung 0,29 € pro kWh (Stand März 2021). Die Säulen sind meist betriebsbereit, und mit dem Tesla Model 3 kann ich die 11 kW Ladeleistung, die seitens des Fahrzeugs möglich ist, beziehen. Wenn ich in der Stadt unterwegs bin (kostenpflichtig) oder auch beim Einkaufen bei Edeka, Lidl, Aldi und IKEA (für Kund*innen oft kostenlos), nutze ich oft die 22 kW-Ladesäulen.

Von den öffentlichen Schnellladesäulen habe ich bisher nur die von IONITY genutzt. Dort wird man mithilfe eines eingebauten Displays durch den gesamten Authentifizierungs-Prozess geführt. Die Authentifizierung habe ich oft über eine Ladekarte mit RFID-Chip ausgeführt, das ging problemlos. Über die App taten sich bei mir aber ab und zu – je nach Säule – Probleme bei der Authentifizierung auf. Als Ausweichmöglichkeit nutze ich entweder IONITY oder die Hypercharger von ENBW.

An unseren Zielen begegneten uns Hotels oft kulant und haben uns, sofern keine Wallbox vorhanden war, auch an der Haushalts-Steckdose (Schuko-Steckdose) den Akku aufladen lassen. Freund*innen, die wir besucht haben, zeigten sich interessiert und boten uns bei einer Übernachtung ebenfalls das Aufladen an der Haushalts-Steckdose an. Natürlich ist die Ladeleistung einer Steckdose mehr als überschaubar, doch man nimmt, was man kriegen kann.

Wann immer ich den Begriff »Reichweitenangst« lese, muss ich etwas schmunzeln. Man hat durchaus ein mulmiges Gefühl, wenn der Akku nur noch 5 % anzeigt. In der Regel ist jedoch die nächste Ladesäule nicht weit entfernt. Außer man hat sich verkalkuliert. Dann allerdings hat man ganz andere Probleme.

Da wir in einer Wohnung eines Mehrparteienhauses wohnen und dieses keine Stellplätze besitzt, habe ich mich für ein Parkhaus in der Nähe entschieden. Natürlich könnte ich den Tesla auch an der Straße parken, allerdings fühle ich mich damit unwohl. Umständlich ist, dass es keine Lademöglichkeit am Parkhausstellplatz gibt. Ich habe den Betreiber bereits informiert, dass ich an einer Lademöglichkeit interessiert bin. Die Antwort war, dass er an einer Lösung in den nächsten 1–2 Jahren arbeitet. Bis dahin habe ich keine Möglichkeit, mein Auto in der Nähe unserer Wohnung zu laden.

Ich hatte vor dem Autokauf befürchtet, dass diese fehlende Lademöglichkeit ein Problem werden würde, aber dem ist nicht so. Ich lade einfach dort, wo ich sowieso einen Stopp mache – sei es nun beim Einkaufen oder beim Bummeln in der Stadt oder auf größeren Strecken bei den Schnellladern an der Autobahn.

Ich nutze jede Möglichkeit zum Laden, sobald mein Fahrzeug parkt. Das hängt allerdings mit meinem persönlichen Fahrprofil zusammen. Ich fahre ein- bis zweimal die Woche von Hannover nach Kassel. Das sind pro Tag 376 km, die mein Fahrzeug zurücklegen muss. Wie ich bereits erwähnt habe, fehlt mir die Möglichkeit, mein Fahrzeug zu Hause zu laden. Daher versuche ich stets, mit einer Akkuladung von mindestens 40 % in Hannover anzukommen.

1.2 EIN JAHR MIT DER RENAULT ZOE (R110 40)

Seit Ende März 2020 fahren meine Frau und ich ausschließlich mit unserer geleasten Renault ZOE (R110 40). Diese ZOE der zweiten Generation war zu jenem Zeitpunkt das modernste E-Auto der Kleinwagenklasse. Sie findet mit ihrem Typ 2-Stecker bei den meisten Ladesäulen Anschluss und kommt mit einer Ladung des 41 kWh-Akku im Eco-Modus gute 270 km weit (bei milder Witterung, bei Kälte etwa 30–40 km weniger). Den CCS-Anschluss nahmen wir dazu, weil wir noch nicht abschätzen konnten, wie oft wir längere Strecken fahren würden – die ZOE kann nämlich mit bis zu 50 kWh laden, was Anfang 2020 in ihrer Klasse eine Ausnahme darstellte. Mit Typ 2- und CCS-Stecker hat man auch bei längeren Strecken auf Autobahnen kein Problem, Ladesäulen zu finden.

Die Entscheidung gegen einen Kauf und für Leasing (sowie – zu der Zeit noch möglich – für einen gemieteten Akku) lag zum einen darin begründet, dass wir zunächst testen wollten, ob ein E-Auto zu uns passt, und zum anderen darin, dass abzusehen war, dass sich Technologie und Preisgefüge von E-Autos in den kommenden Jahren stark entwickeln würden.

Wir nutzen das Auto zu 90 % innerstädtisch, also auf kurzen Distanzen, und erachten die ZOE hierfür als perfekt. Leise, elastisch von 0 bis 90 km/h und eben emissionsfrei, auch hinsichtlich des Feinstaubes: Im Rekuperationsmodus »B« schont man die Bremsen und erzeugt nebenbei noch Energie. Wir laden das Auto meist an der heimischen, geförderten Wallbox mit 11 kWh zu 0,27 €/kWh und nutzen die innerstädtischen Ladesäulen lediglich dann, wenn sich dort eine Parkgelegenheit bietet, die es in Städten wie München nur selten gibt.

Schwieriger war es seinerzeit für uns, Akkustand, Geschwindigkeit, Reichweite und Stromverbrauch zueinander in Beziehung zu setzen. Das mussten wir völlig neu lernen. Die zugeschaltete Heizung und Klimaanlage arbeiten gut, kosten aber Kilometer und zwar deutlich mehr als beim Verbrenner. Wir haben umgelernt und nutzen bei Kälte Sitz- und Lenkradheizung (und das ferngesteuerte Vorwärmen über die My Renault-App ist echter Luxus). Überrascht hat uns auch, wie viel Energie verbraucht wird für das Aufrechterhalten von Geschwindigkeiten, die über 103 km/h (jenseits des Eco-Modus) hinausgehen, wenn der Luftwiderstand zu viel Strom kostet.

Trotzdem kann man mit der ZOE durchaus lange Strecken mit 120 km/h fahren, wenn man mit einer guten Streckenplanung wie über die PlugShare-App unterwegs ist, die einen rechtzeitig zu den CCS-Ladern lotst. Uns reicht das für mittlere Strecken bis 300 km. Für wirklich lange Distanzen mieten wir uns einen Verbrenner, zumindest bis zum nächsten, sicher reichweitenstärkeren E-Auto.

Unser Fazit lautet: Würden wir wieder so machen. Nicht nur, weil wir emissionsfrei fahren, nur noch die Hälfte der »Sprit«kosten zahlen, die Kfz-Steuer bis 2030 ausgesetzt und die recht hohe E-Förderung beibehalten werden soll; sondern auch, weil ein E-Auto einen Fahrspaß bietet, bei dem höchstens sportliche Verbrenner mithalten können. Worauf wir uns freuen: das Laden per Induktion, das später noch im Buch beschrieben wird. Denn dass unser Ladekabel beim Stromtanken doch immer irgendwie im Dreck liegt, nervt ein bisschen – zumindest im Winter.

TEIL 1:

DIE WICHTIGSTEN ANTWORTEN UND FAKTEN

2 ZEHN TYPISCHE FRAGEN, DIE E-AUTOFAHRER*INNEN IMMER GESTELLT WERDEN

Vor der Anschaffung eines E-Autos ergeben sich immer ganz bestimmte Fragen. Vielleicht stellen Sie sich diese Fragen selbst, vielleicht tun es aber auch andere, sobald Sie ankündigen, sich ein E-Auto zulegen zu wollen – wenn Sie nicht bereits eins haben.

Auf jeden Fall ist es gut, die Antworten darauf zu kennen. Daher habe ich Ihnen zu Beginn dieses Buches zehn typische Fragen zusammengestellt, die mir als E-Autofahrer immer gestellt wurden.

2.1 WIE WEIT KOMMT MAN MIT EINER AKKULADUNG?

Das ist meiner Erfahrung nach stets die erste Frage, die gestellt wird, oft unterstrichen mit einem skeptischen Blick. In der Regel ist eine allgemeine Aussage nicht möglich, da die Reichweite von vielen Umweltfaktoren beeinflusst wird. Die Außentemperatur hat beträchtliche Auswirkungen auf die Reichweite, ebenso Regen und Wind. Auch die Fahrgeschwindigkeit und der damit verbundene Luftwiderstand kommen zum Tragen.

Die Reichweite eines PKW mit einem Verbrennungsmotor wird in gleicher Weise beeinträchtigt, nur bemerken die meisten Leute das nicht. Bei einem E-Auto fällt der Einfluss von Witterungseinflüssen stärker ins Gewicht, weil sein Antrieb um vieles effizienter ist als der eines Verbrenners. Ein Beispiel – nasse Fahrbahnen erhöhen den Verbrauch um ca. 2 %:

- Beim E-Auto gehen 95 % der Energie des Akkus direkt in den Vortrieb. Die 2 % Mehrverbrauch schlagen damit voll auf den Verbrauch durch.
- Beim Verbrenner gehen 60 % der Energie in Abwärme verloren. Nur 40 % werden für den Vortrieb verwendet. 2 % mehr für den Vortrieb bedeuten also weniger als 1 % an zusätzlichem Verbrauch der Gesamtenergie.

Der Mehrverbrauch bei Regen ist beim E-Auto also doppelt so hoch wie beim Verbrenner. Dazu kommt, dass 10 l Benzin etwa 90 kWh an Energie entsprechen. Eine Akkuladung von 40kWh, die im E-Auto für gut 200 km Reichweite sorgt, entspricht umgekehrt nur einer Energiemenge von 2,25 l Benzin. Wenn Sie sich dieses Verhältnis vor Augen führen, können Sie sich vorstellen, warum Witterungseinflüsse sich stärker auf die Reichweite eines E-Autos auswirken.

Der Grund, weshalb dieser Mangel an Energieeffizienz bei PKW mit Verbrennungsmotoren nicht ins Bewusstsein rückt, ist möglicherweise, dass unser dichtes Tankstellennetz jederzeit ein Nachtanken erlaubt. Und auch wenn E-Autos hier inzwischen kaum schlechter gestellt sind (dazu gleich mehr), unterstellt man ihnen, dass sie zu viel Zeit zum Laden benötigen.

Den Fragesteller*innen möchte man trotzdem eine Antwort geben, also entgegne ich meist:

»Nun ja, das hängt davon ab, wie Sie fahren. Wie bei Ihrem Auto nun mal auch! Bei meinem Fahrzeug und meiner Fahrweise sind es 400 km.«
Da gehen dann schon die Augenbrauen hoch, und es werden mehrere Einwände erhoben, die diese Angabe infrage stellen.

Bei einem Tesla Model 3 verhält es sich aber tatsächlich so, dass man bei einer Durchschnittsgeschwindigkeit von 120–130 km/h auf der Autobahn zu dieser Reichweite gelangen kann.

2.2 WIE IST DIE REICHWEITE IM WINTER?

Das hängt auch wieder von vielen Faktoren ab, zum Beispiel ob das Fahrzeug eine Wärmepumpe oder nur elektrische Heizelemente besitzt. Wie kalt ist es draußen? Haben wir Schneetreiben einschließlich starker Windböen oder gar Glätte? Oder gibt es Sonnenschein und relativ milde Temperaturen?

Meine Antwort darauf lautet oft:

»Zwischen 300 und 400 km.«
Dann kommt wieder ein skeptischer Blick und der Einwand:

»Aber die Heizung ist dann doch aus?«
Sarkastisch antworte ich:

»Ja natürlich, ich sitze im Auto mit drei Decken, einem Schneeanzug, zwei Schals, zwei Wollmützen und Handschuhen und einer dampfenden Thermoskanne.«
Meist überlegt die Gegenseite einen Augenblick, ob ich es ernst meine.

Dann gebe ich nach:

»Nein, natürlich nicht, die Heizung ist an, und es sind mollige 22 °C mit Sitzheizung auf Stufe 2.«

2.3 GIBT ES GENUG LADESÄULEN?

Ja, das leidige Thema »Ladesäulen«.

Es gibt in Deutschland über 23.300 Ladesäulen mit über 66.800 Ladepunkten (März 2021, Quelle: *bit.ly/3eqfpYh*)

Aber hätten Sie gewusst, dass es in Deutschland »nur« 14.478 Tankstellen gibt? (März 2021, Quelle: *bit.ly/3tau1ir*)

Dieser Frage begegne ich meist mit einer Gegenfrage:

»Gibt es genug Tankstellen?«

Zumeist bekomme ich die Antwort:

»Ja, natürlich.«

Woraufhin ich erwidere:

»Ja, also Ladesäulen gibt es genug, es werden sogar täglich mehr.«

Erstaunte Gesichter.

Man könnte allerdings auch mit folgender Gegenfrage kontern:

»Können Sie Ihren Verbrenner zu Hause tanken?«

Die Antwort lautet natürlich:

»Nein.«

Darauf kann man stolz entgegnen:

»Tja, ich habe allerdings die Möglichkeit, mein E-Auto auch zu Hause zu tanken.«

2.4 WIE LANGE LÄDT MAN?

Wie bei den vorherigen Fragen gibt es auch hier ein paar Faktoren, die die Ladedauer beeinflussen. Man könnte einen Vergleich mit der Tankgröße bei Verbrennern anstellen. Aber pauschale Aussagen zur Tankdauer ließen sich hier ebenso wenig treffen, denn in die Gesamtdauer eines Tankvorgangs spielen bei Verbrennern noch andere Faktoren hinein.

Beim E-Auto hängt die Dauer des Ladevorganges von der Größe des Akkus, der Akkutemperatur, der maximal zulässigen Ladeleistung, dem Akkustand und der maximalen Ladeleistung der Säule ab.

Trotzdem gebe ich eine pauschale Antwort:

»Man benötigt ca. 20 Minuten an einem Schnelllader, um den Akku von 20 % auf 80 % zu laden. Für eine volle Ladung zu Hause an der Wallbox benötigt man zwischen 4 und 10 Stunden, je nach Akkukapazität und Ladeleistung.«

2.5 WO LADEN SIE DENN?

Darauf entgegne ich:

»Ich lade nur, wenn ich unterwegs bin. Schließlich habe ich zu Hause keine Möglichkeit dazu.«

Worauf meist die Frage folgt:

»Und das klappt?«

Ich antworte:

»Ja, und das seit gut zwei Jahren ohne Probleme!«

2.6 WIE TEUER WAR DAS AUTO?

Da bin ich offen und ehrlich:

»51.680€. Abzüglich einem Umweltbonus von 4.000€ habe ich knapp 48.000€ bezahlt.«

Zumeist verziehen die Leute erstaunt das Gesicht.

Zum einen, weil der Kaufpreis für ein E-Auto recht hoch ist, zum anderen, weil vielen Personen die Höhe des Umweltbonus nicht bekannt ist.

Der hohe Kaufpreis relativiert sich übrigens, wenn man die laufenden Gesamtkosten betrachtet (siehe Seite 67).

2.7 WAS MACHEN SIE, WENN DER AKKU LEER IST?

Die Frage finde ich immer sehr amüsant, weil man darauf keine ernstgemeinte Antwort geben kann.

»Dann bleibe ich stehen!«

»Und dann?«

»Dann hole ich meinen »Batteriekanister« aus dem Kofferraum, gehe zur nächsten Ladesäule und zapfe Strom ab.«

»Sowas gibt's?«

»Nein, ich muss den Pannenservice anrufen. Das Fahrzeug muss dann auf einen Abschleppwagen verfrachtet werden, da es nicht über große Distanzen gezogen werden darf.«

Gut zu wissen

BMW besitzt ein Servicemobil, das mit einer zusätzlichen Stromquelle ausgestattet ist. Dieses Servicemobil kommt im Falle eines leeren Akkus zu Ihrem Elektro-BMW. Der kann dann mit 7,4 kW geladen werden.

KIA und einige andere Autohersteller wie Daimler haben ein ähnliches Konzept. Entweder kommt ein Servicemobil zum liegengebliebenen E-Auto, oder ein Abschleppdienst bringt das Fahrzeug zur nächstgelegenen Ladestation.

2.8 SIND SIE SCHON EINMAL MIT LEEREM AKKU LIEGEN GEBLIEBEN?

Nein, bisher hat mich das Auto immer vor dem Schlimmsten bewahrt.

Im Navigationssystem vom Tesla läuft parallel die Überwachung des Akkustandes und die damit verbundene Restreichweite mit. Daher erscheint rechtzeitig eine Warnung, sobald ein Aufladen erforderlich ist, um das Ziel zu erreichen. Wenn es doch mal ganz knapp war, habe ich über eine App nach einer Ladesäule in der Nähe gesucht und diese angesteuert.

2.9 KANN MAN MIT EINEM E-AUTO IN DEN URLAUB FAHREN?

Mehrere absolvierte längere Strecken mit dem E-Auto inklusive Kind und Kegel beweisen aus meiner Sicht, dass es möglich ist!

Und das keinesfalls gestresster oder aufwändiger als mit einem Verbrenner. Meist sogar viel entspannter, weil man dann doch mal die eine oder andere Pause mehr macht. Wir sind zum Beispiel an die polnische Ostsee gefahren, nach Bayern, Berlin, Frankfurt und so weiter. Und all das, ohne dass uns der Strom ausgegangen wäre.

2.10 WAS MACHE ICH WÄHREND DES LADENS?

Die Wartezeit beim Laden wird auch gerne »Ladeweile« genannt, was der tatsächlichen Ladezeit allerdings nicht gerecht wird. Während des Ladens macht man das, was man auch bei einem Verbrenner während einer Pause tun würde: Man vertritt sich mal die Beine, isst eine Kleinigkeit, trinkt einen Kaffee, besucht die Örtlichkeiten – das Übliche eben. In 90 % der Fälle war der Akku für die weitere Fahrt geladen, bevor wir mit Essen oder Trinken fertig waren.

3 FAKTEN GEGEN VORURTEILE

Manchmal werden Sie statt mit freundlichen Fragen mit sehr gefestigtem Halbwissen konfrontiert. Ich liste Ihnen daher nachfolgend die häufigsten Vorurteile gegen Elektromobilität auf – zusammen mit den Fakten, die diese widerlegen.

Anmerkung

Dass ich die nachfolgenden Vergleiche nur in Bezug auf Tesla anstelle, liegt allein daran, dass die anderen Automobilhersteller keine transparenten Daten online zur Verfügung stellen.

3.1 ES WERDEN FÜR DEN AKKU SELTENE ERDEN VERWENDET

Insgesamt gibt es 17 Elemente, die als »seltene Erden« bezeichnet werden. Diese seltenen Erden sind übrigens gar nicht so selten. Das seltenste Element der »seltenen Erden« kommt in der Erdkruste häufiger vor als Gold oder Platin.

Im Akku kommt allerdings keine dieser seltenen Erden vor.

Nur im Elektromotor mit Permanentmagneten findet man bis zu 40 % seltene Erden, beispielsweise Neodym (Neodym-Magnete), Dysprosium, Europium oder Cer. Doch diese Elemente finden wir auch in unseren Smartphones, Energiesparlampen und Windkraftgeneratoren.

Darüber hinaus sind diese Elemente auch in vielen Autos mit Verbrennungsmotoren zu finden. Beispielsweise in den Fensterhebern, Scheibenwischern oder Ölpumpen. Jedes dieser Bauteile hat einen Elektromotor mit Permanentmagneten.

Seltene Erden wie Yttrium und Cer findet man beispielsweise auch in Katalysatoren und Rußpartikelfiltern. Übrigens ist Platin auch in Katalysatoren verbaut – und Platin ist viel seltener als ein Element der seltenen Erden.

Weil dies oft verwechselt wird: Lithium und Kobalt zählen nicht zu den seltenen Erden.

Man könnte behaupten, dass in einem deutschen Luxus-Auto mehr Neodym verbaut wird als in einem Tesla. Im Prinzip benötigt ein Tesla nur Kupfer, Aluminium und Lithium.

3.2 KINDERARBEIT BEI DER GEWINNUNG VON KOBALT

Kobalt ist ein Schwermetall und wird fast ausschließlich als Nebenprodukt bei der Nickel- und Kupferproduktion gewonnen.

Die größten Kobaltvorkommen (Stand 2018) weltweit befinden sich im Kongo (3,4 Mio. Tonnen) und in Australien (1,2 Mio. Tonnen), gefolgt von Kuba (500.000 Tonnen).

Für die Herstellung eines E-Auto-Akkus mit einer Kapazität von 90 kWh werden 13,5 Kilogramm an Kobalt benötigt. Das sind 150 Gramm pro kWh. Das bedeutet, wir benötigen für einen 50 kWh-Akku 7,5 kg Kobalt.

Tesla ist es übrigens schon gelungen, den benötigten Kobaltbedarf von 33 % auf 15 % pro Akku zu reduzieren.

Ja, leider gibt es im Kongo Kinderarbeit in illegalen Minen! Darüber braucht man gar nicht zu diskutieren. Viele PKW- und Akkuhersteller verweisen darauf, dass Sie nur mit zertifizierten Minen zusammenarbeiten, in denen es weder Kinderarbeit noch lebensgefährliche Arbeitsbedingungen gibt. Und das ist auch gut so. Dennoch ist es nicht richtig, allein die Akku- oder E-Autoproduktion dafür verantwortlich zu machen, dass Kinder in illegalen Minen arbeiten. Die Wahrung der Menschenrechte und Arbeitsbedingungen ist eine politische Aufgabe der jeweiligen Regierung und der NGOs (Nichtregierungsorganisationen).

Außerdem sollte man bedenken, dass Kobalt in jedem Lithium-Ionen-Akku zu finden ist – auch in Smartphones, Laptops und Tablets. Überlegen Sie, ob Sie wirklich jedes Jahr ein nagelneues Smartphone oder ein anderes Gadget brauchen, denn auch auf diese Weise können Sie dazu beitragen, den weltweiten Kobaltbedarf zu senken!

Bis zum Jahr 2025 sollen sogar völlig kobaltfreie Akkus auf dem Markt sein.

3.3 DIE LITHIUM-GEWINNUNG BENÖTIGT ZU VIEL WASSER

Lithium ist ein Leichtmetall und sehr reaktiv. Es wird vorwiegend aus Salzwasser (Grundwasser, Salzseen) durch Verdunstung gewonnen. Die verbleibende Sole wird zurück in das Grundwasser/den Salzsee geführt.

Übrigens

Zur Gewinnung von Lithium wird ausnahmslos Salzwasser verwendet! Es ist für Tiere, Pflanzen und Menschen ungenießbar!

Bei Lithium-Ionen-Akkus, die unter anderem auch in E-Autos verbaut werden, stellt Lithium einen wichtigen Rohstoff dar. Aktuell kommen Lithium-Ionen-Akkus hauptsächlich in unseren Smartphones und Laptops zum Einsatz.

Die größten Lithium-Vorkommen weltweit (Stand 2018) befinden sich in Chile (45,78 Mio. Tonnen) und Bolivien (39 Mio. Tonnen), gefolgt von Australien (14,9 Mio. Tonnen).

Aktuell werden ca. 120 Gramm Lithium pro Akku-kWh benötigt. Der Wasserverbrauch pro Tonne Lithium liegt bei ca. 900.000 l Sole. Folglich werden für einen E-Auto-Akku mit 64 kWh mittels aktueller Herstellungsverfahren 3.840 l Sole verdunstet.

Zum Vergleich

Die gleiche Menge Wasser wird für die Herstellung von 250 Gramm Rindfleisch, 10 Avocados, 30 Tassen Kaffee oder einer halben Jeans benötigt.

Leider sind die aktuellen Verfahren zur Lithium-Förderung nicht umweltfreundlich. Derzeit werden andere Förderverfahren entwickelt, die die Natur weniger belasten. Nichtsdestotrotz ist die Lithiumgewinnung im direkten Vergleich zur Ölförderung ein »sauberer« Prozess.

Was häufig nicht berücksichtigt wird, ist der Wasserverbrauch bei der Erzeugung von einem Liter Öl aus Fracking oder Teersanden. Derzeit werden weltweit pro Tag 17,5 Milliarden Liter Öl verbraucht. Um diese Menge zu fördern, sind 46 Milliarden Liter Wasser nötig.

Mit der gleichen Menge könnte man 1,5 Mio. große Tesla-Akkus herstellen – und das jeden Tag! Das im Zuge der Ölgewinnung eingesetzte Wasser verdunstet nicht wie bei der Lithiumgewinnung, sondern wird verunreinigt und dadurch giftig.

Zusätzlich sollte man erwähnen, dass die aktuelle Akku-Technologie noch in den »Kinderschuhen« steckt und noch etliche Weiterentwicklungen und Optimierungen folgen werden. Das beinhaltet natürlich auch die Reduzierung der benötigten Rohstoffe. So wird in Zukunft garantiert weniger Lithium pro Akku-kWh benötigt.

Übrigens

Aktuell wird an einem Projekt in Deutschland gearbeitet, bei dem Lithium aus Geothermie-Anlagen gewonnen werden soll. Dabei wird das Lithium aus dem warmen Thermalwasser gefiltert und das gefilterte Thermalwasser wieder in die Erde zurückgeleitet. Aktuell könnte man bis zu 200 Milligramm Lithium pro Liter Thermalwasser fördern. So ließe sich in Deutschland künftig der Eigenbedarf an Lithium decken. Aktuell ist unklar, ob diese Art der Lithiumgewinnung wirtschaftlich sinnvoll ist.

3.4 ES GIBT NICHT GENUG STROM FÜR ALLE E-AUTOS

Wenn alle zugelassenen PKW in Deutschland (45 Mio. Fahrzeuge) elektrisch unterwegs wären, hätte man einen Strombedarf von ca. 100 Terawattstunden (TWh). Das ist weniger als ein Sechstel der aktuellen gesamten Stromerzeugung in Deutschland! Dabei hat Deutschland im Jahre 2019 mehr als ein Drittel davon – 242,5 TWh – durch erneuerbare Energien gewinnen können. Im gleichen Jahr wurden 42,1 % des gesamten Stromverbrauchs durch Strom aus erneuerbaren Energien gedeckt *(bit.ly/3vbi12d)*.

Auch wenn der sonstige Stromverbrauch in Deutschland an dieser Stelle nicht berücksichtigt wird: Die erzeugte Strommenge aus erneuerbaren Energien war bereits im Jahr 2017 zweimal höher als der Strombedarf unserer angenommenen 45 Mio. E-Autos.

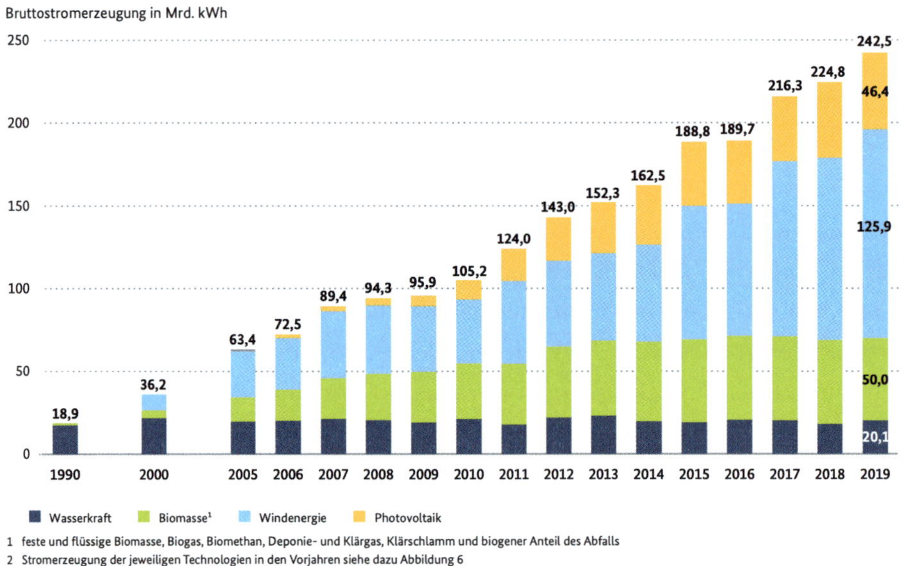

Abbildung 3.1: Stromerzeugung aus erneuerbaren Energien (EE) Deutschland in kWh (Quelle: PDF »Erneuerbare Energien in Zahlen«, S. 12, bit.ly/3vbi12d)

Übrigens

1TWh sind 1 Mrd. kWh. Das ist eine Zahl mit 9 Nullen! Die gewonnene Strommenge aus erneuerbaren Energien sieht dann in kWh wie folgt aus: 242.500.000.000kWh.

3.5 ES MUSS EXTRA LADESTROM ERZEUGT WERDEN

Und der Kraftstoff für den Verbrenner kommt direkt aus einer Quelle unter der Tankstelle? Es ist ja nun nicht so, dass er einfach so aus der Zapfsäule tropft, sondern tausende Kilometer im Hochseetanker über die Weltmeere geschippert werden muss.

Wenn Sie wissen möchten, wie viel Energie für fossile Brennstoffe aufgewendet werden muss, bis diese bei uns an der Tankstelle bereitstehen, dann werfen Sie doch einen Blick in den Kasten: »Wie viel Energie benötigt die Produktion von fossilen Kraftstoffen?« auf Seite 65.

Im Jahr 2019 hatte Deutschland einen Überschuss an Strom. Infolgedessen wurden im Jahr 2019 61,3TWh Strom exportiert. In kWh sind das 61.300.000.000kWh (*bit.ly/3t9VmRR*). Mit diesem Überschuss könnten bereits im Jahr 2019 20,433 Mio. E-Autos fahren! Zur Ermittlung dieses Wertes habe ich folgende Daten angenommen:

- Durchschnittliche jährliche Fahrleistung der privat genutzten PKW in Deutschland: 15.000km
- Durchschnittlicher Verbrauch eines E-Autos: 20kWh/100km
- Wie Sie sehen, ist die Differenz zwischen den 45 Mio. zugelassenen PKW und den potenziell 20,433 Mio. E-Autos gar nicht mehr so groß!

Gegenwärtig fehlt uns allerdings die Möglichkeit, den Strom zu speichern. Hier stellen Pufferspeicher (Batteriespeicher) oder alternativ Wasserstoff als Energiespeicher eine denkbare Lösung dar. »Vehicle to Grid« (siehe Seite 114) wäre eine weitere Möglichkeit, den überschüssig erzeugten Strom zu speichern, und zwar in den Akkus der E-Autos.

3.6 DER STROM FÜR E-AUTOS STAMMT NICHT AUS ERNEUERBAREN ENERGIEN

Das kann man so pauschal nicht sagen. Der Strom in Deutschland ist ein Mix aus erneuerbaren Energien, Kernenergie, Kohle-, Gas- und sonstigen Energiequellen. Einige Ladesäulen-Anbieter haben es sich auf die Fahne geschrieben, ausschließlich Strom aus erneuerbaren Energien zur Verfügung zu stellen.

Nettostromerzeugung zur öffentlichen Stromversorgung
Erstes Halbjahr 2020

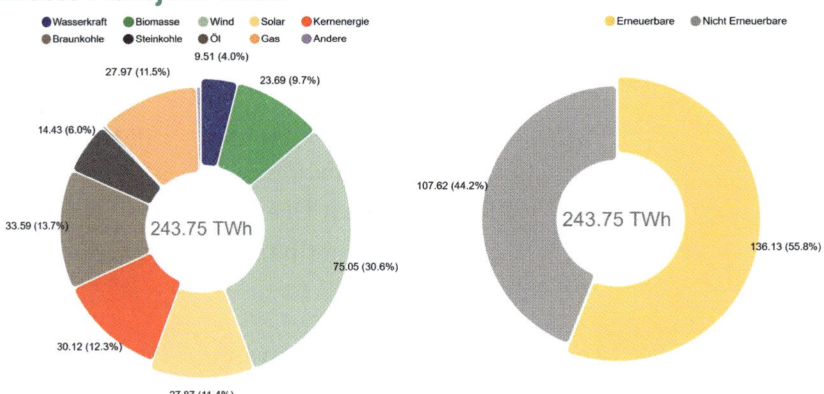

Die Grafik zeigt die Nettostromerzeugung aus Kraftwerken zur öffentlichen Stromversorgung. Das ist der Strommix, der tatsächlich aus der Steckdose kommt. Die Erzeugung aus Kraftwerken von „Betrieben im verarbeitenden Gewerbe sowie im Bergbau und in der Gewinnung von Steinen und Erden", d.h. die industrielle Erzeugung für den Eigenverbrauch, ist bei dieser Darstellung nicht berücksichtigt.
Grafik: B. Burger, Fraunhofer ISE; Quelle: https://www.energy-charts.de/energy_pie_de.htm

5
© Fraunhofer ISE

Fraunhofer ISE

Abbildung 3.2: Stromsektor 2020, 1. Halbjahr auf einen Blick (Quelle: Fraunhofer Institut für solare Energiesysteme ISE, PDF »Stromerzeugung in Deutschland im ersten Halbjahr 2020«, Seite 4, bit.ly/3t5XJW6)

In Abbildung 3.2 ist zu erkennen, dass der Anteil an erneuerbaren Energien bereits im 1. Halbjahr des Jahres 2020 55,8 % betrug.

3.7 WIE WEIT KOMME ICH DENN MIT 1 KWH?

Stellen wir hierfür einen Vergleich an.

Ein Liter Super-Benzin hat in etwa einen Energiegehalt von 8,5 kWh.

Nehmen wir einen realistischen Durchschnittsverbrauch von 7,5 l/100km an. Dann verbraucht ein Verbrenner auf 100 km 63,75 kWh, eine kWh würde ihm also für knapp 1,6 km reichen. Ein aktuelles E-Auto verbraucht im Vergleich auf 100 km nur etwa 18 kWh, mit einer kWh käme es also 5,5 km weit.

Zugegeben, dieser Reichweitenvergleich zwischen Verbrenner- und E-Auto hinkt etwas, weil der Energiegehalt von Kraftstoff wesentlich größer ist als der eines aktuellen E-Auto-Akkus (siehe Abschnitt 2.1 auf Seite 14). Aber wie Sie sehen, nutzt das E-Auto diese Energie deutlich effizienter.

3.8 DAS STROMNETZ BRICHT ZUSAMMEN

In einem gemeinsamen Projekt von Siemens und zwei Hochschulen im Oberallgäu namens »IRENE« wurden die Auswirkungen von verschiedenen Ladeleistungen der Elektrofahrzeuge auf das Stromnetz untersucht (*bit.ly/3tZaQZT*). Dabei zeigte sich, dass die Lastspitze im Zeitraum von 17 und 20 Uhr um bis zu ca. 39 % erhöht ist, wenn mit mehr als 3,5 kW geladen wird. Höhere Ladeleistungen wie 10 kW führen zu einer Verringerung der Spitzenlast, da sich die Ladezeiten verkürzen.

Zurzeit haben E-Autos keinen negativen Einfluss auf die Stromnetze. Bei einer hohen Verbreitung von E-Autos können jedoch Überlastungen in schwach ausgebauten Niederspannungsnetzen vorkommen. Daher muss sich unser Stromnetz langfristig zu einem »Smart Grid« entwickeln. »Smart Grid« bedeutet, dass intelligente Netzmanagement- und Speichertechnologien eingesetzt werden, um örtliche und zeitliche Netzbelastungen auszugleichen. Dies geschieht aktuell bereits im Zuge der Energiewende.

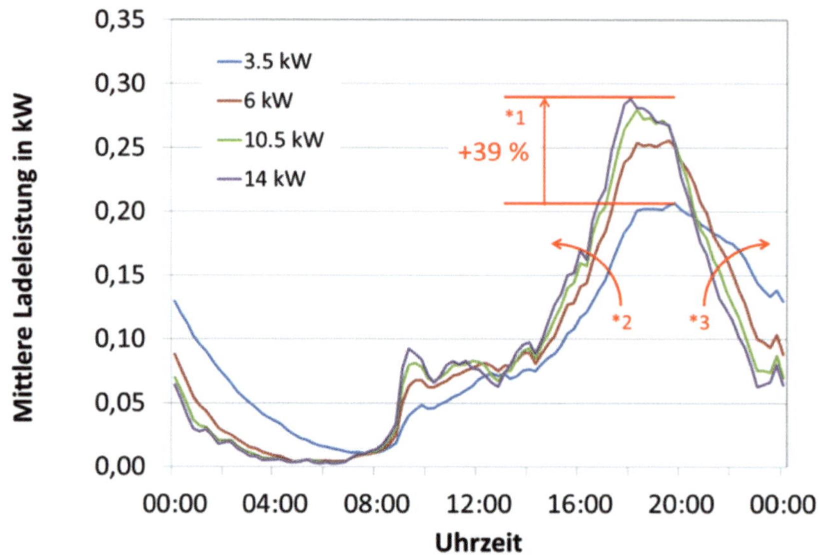

Abbildung 3.3: Mittlere Ladeleistung je Fahrzeug für verschiedene Ladeleistungen (Smart Grid) (Quelle: Nobis/Fischhaber, PDF »Belastung der Stromnetze durch Elektromobilität«, Seite 1, bit.ly/30xzUKx)

3.9 ES GIBT NICHT GENUG LADESÄULEN

Dieser Behauptung sollte man mit folgender Frage begegnen:

»Wie viele Tankstellen gibt es denn?«

Die meisten sehen sich außerstande, hierzu eine realistische Schätzung abzugeben.

Daher folgende Daten:

- Tankstellen in Deutschland: 14.478 (März 2021, Quelle: *bit.ly/3tau1ir*)
- Ladesäulen in Deutschland: ca. 23.300 mit über 66.800 Ladepunkten (März 2021, Quelle: *bit.ly/3eqfpYh*)

Es gibt also mehr Ladesäulen als Tankstellen in Deutschland.

Und wer jetzt mit dem Argument daherkommt …

»Aber was wäre, wenn alle E-Autos zeitgleich an den Ladesäulen laden würden?«

... kann nur mit dieser Gegenfrage konfrontiert werden:

»Was wäre, wenn alle Autos zeitgleich tanken würden?«

Rechnen wir das nur zum Spaß einmal aus:

Rechenbeispiel

Wir möchten alle zugelassenen PKW in Deutschland (45 Mio.) zeitgleich, gleichmäßig verteilt an allen Tankstellen betanken.

Der Einfachheit halber sagen wir: Es sind 15.000 Tankstellen mit jeweils 10 Zapfsäulen.

15.000 Tankstellen × 10 Zapfsäulen = 150.000 Zapfsäulen

45.000.000 PKW/150.000 Zapfsäulen = 300 PKW pro Zapfsäule

300 PKW × 10 min = 3.000 min bis alle 300 PKW getankt haben

3.000 min/60 min = 50 h

Gehen wir mal von einem zügigen Tank- und Bezahlvorgang von etwa 10 Minuten pro PKW aus.

Es würde also 50 Stunden benötigen, bis alle 45 Mio. PKW den Tank- und Bezahlvorgang abgeschlossen haben.

Seien wir ehrlich: Bisher ist es uns noch nie passiert, dass wir eine Schlange von 3.000 PKW vor uns an einer Tankstelle hatten, oder?

3.10 WO SOLL ICH DENN LADEN?

Die Antwort ist ganz einfach: idealerweise zu Hause! Wenn das nicht möglich ist, dann auf der Arbeit oder unterwegs.

Folgende Möglichkeiten gibt es, um zu Hause zu laden:

- **zu Hause an der Haushaltssteckdose**
  Ganz einfach nach der Arbeit mit 2,3 kW Ladeleistung. Bei einem 50 kWh-Akku wäre dieser innerhalb von 22 Stunden wieder voll.

- **zu Hause an einer Wallbox**
  Mit 11 kW Ladeleistung. An so einer Wallbox wäre der 50 kWh-Akku in 4½ Stunden wieder voll.

Das alles unter der Voraussetzung, dass der Akku von 0 % an vollgeladen wird. Da das aber nie der Fall sein wird, fällt die Ladezeit entsprechend kürzer aus.

Rechenbeispiel

Der*die durchschnittliche PKW-Fahrer*in in Deutschland legt pro Tag ca. 40 km zurück (*bit.ly/3ev2Gn9*).

Bei einem Verbrauch von 20 kWh/100 km benötigt man 8 kWh für diese Pendler*innenstrecke. Das ist ein Verbrauch von 16 % der gesamten angenommenen Akkukapazität von 50 kWh.

Mit der Wallbox wäre der Strom innerhalb von 44 Minuten wieder im Akku. Mit der Haushaltssteckdose läge man bei einer Ladedauer von 3 Stunden und 28 Minuten.

Wir können daraus schließen, dass wir mit dieser Pendler*innenstrecke und der angenommenen Akkukapazität 6 Arbeitstage fahren können, ohne einmal aufladen zu müssen!

3.11 DAS LADEN DAUERT ZU LANGE

Das Laden eines E-Autos dauert im Prinzip gar nicht lange. Meist hängt das E-Auto sowieso über Nacht an der heimischen Wallbox oder Steckdose. Oder das E-Auto lädt, während Sie Ihre Einkäufe erledigen.

Und wenn man doch mal das Auto während eines längeren Trips laden muss, gibt es an den Autobahnen häufig Schnellladesäulen. Diese ermöglichen es, den Akku innerhalb von 20 bis 30 Minuten von 20 % auf 80 % zu laden.

Wenn Sie mehr zum Thema »Laden unterwegs« erfahren möchten, sollten Sie sich den Abschnitt »Nur unterwegs laden« ab Seite 140 genauer ansehen.

3.12 MAN KANN KEINE 1.000 KM FAHREN

Klare Antwort: Kann man schon, aber mit mehreren Pausen! Ich kenne keine Person, die von sich behauptet, 1.000 km am Stück fahren zu wollen.

Falls Sie nun denken, dass ein E-Auto für 1.000 km wesentlich mehr Zeit benötigt als ein Fahrzeug mit Verbrennungsmotor, sollten Sie einen Blick in den Abschnitt »Längere Trips muss man planen« ab Seite 58 werfen. Dort erläutere ich Ihnen die zeitlichen Unterschiede bei Langstreckenfahrten mit einem Verbrenner- und einem Elektrofahrzeug.

3.13 IM STAU GEHT DEM E-AUTO DER STROM AUS

Ganz und gar nicht! Bei einem Auto mit Verbrennungsmotor würde man im Stau den Motor abschalten. Das ist bei einem E-Auto hingegen nicht nötig – wenn das Auto nicht bewegt wird, wird auch kein Strom für den Antrieb benötigt.

Beim E-Auto ist es trotz ausgeschalteten Motors außerdem möglich, die Klimaanlage und Heizung zu nutzen!

Im Sommer könnte ein Tesla Model 3 (mit 50 % Akkustand) mit eingeschalteter Klimaanlage (2 kW Leistung) fast 17,5 Stunden bei laufender Klimaanlage und im Winter 11 Stunden bei laufender Heizung (3,5 kW Leistung) stehen, bevor die Akkuleistung voll ausgeschöpft wäre.

Übrigens

Der ADAC hat getestet, wie lange eine Renault ZOE (50 kW) und ein VW up! im Stau durchhalten. Die Ergebnisse bestätigen: Dem E-Auto geht im Stau nicht der Strom aus (siehe *bit.ly/3qAkBLP*).

3.14 E-AUTOS SIND ZU TEUER

Aktuell sind E-Autos in der Neuanschaffung teurer als vergleichbare Verbrennerfahrzeuge. Man sollte den Autokauf daher ganzheitlich betrachten. Tut man dies, wird man feststellen, dass ein E-Auto günstiger als ein Verbrenner ist.

Laut ADAC ist der BWM i3 (Grundpreis: 39.000€) günstiger als ein BWM 118i (Grundpreis: 34.250€). Mit dem i3 zahlen wir pro Kilometer 49,8 Cent, während sich die Kosten beim 118i auf 55,8 Cent/km belaufen (*bit.ly/3l2ipLL*).

Bei Hyundai fährt man mit dem IONIQ Elektro (Grundpreis: 39.850€) günstiger als mit dem i30 1.4 T-GDI (Grundpreis: 27.670€). Der IONIQ Elektro schlägt mit 49,9 Cent/km zu Buche, während der i30 1.4 T-GDI mit 52,5 Cent/km unterwegs ist (*bit.ly/3l2ipLL*).

Wenn Sie wissen möchten, wie das sein kann, lesen Sie den Absatz »Total Cost of Ownership (TCO)« auf Seite 67.

3.15 E-AUTOS ERZEUGEN BEI DER PRODUKTION MEHR CO_2 ALS VERBRENNER

Oft wird zur Untermauerung dieser Aussage die häufig widerlegte sogenannte »Schweden-Studie« als Beleg angeführt. In dieser wurden falsche Werte für die CO_2-Emissionen pro Kilowatt produzierter Akkukapazität genutzt. Im Jahr 2019 haben die Forscher des IVL Swedish Environmental Research Institute die Werte korrigiert. So kommen wir aktuell im Durchschnitt auf nur 61 bis 106kg erzeugtes CO_2 pro Kilowatt (*bit.ly/2ObpZb7*).

Wenn wir uns eine Untersuchung des Institutes für Energie und Umweltforschung Heidelberg (IFEU) anschauen, sieht das etwas anders aus. Abbildung 3.4 verdeutlicht, dass ein Elektro-Neufahrzeug bereits im Jahr 2020 30% weniger CO_2-Emissionen pro gefahrenem Kilometer über den gesamten Lebenszyklus erzeugt als ein vergleichbarer Benziner.

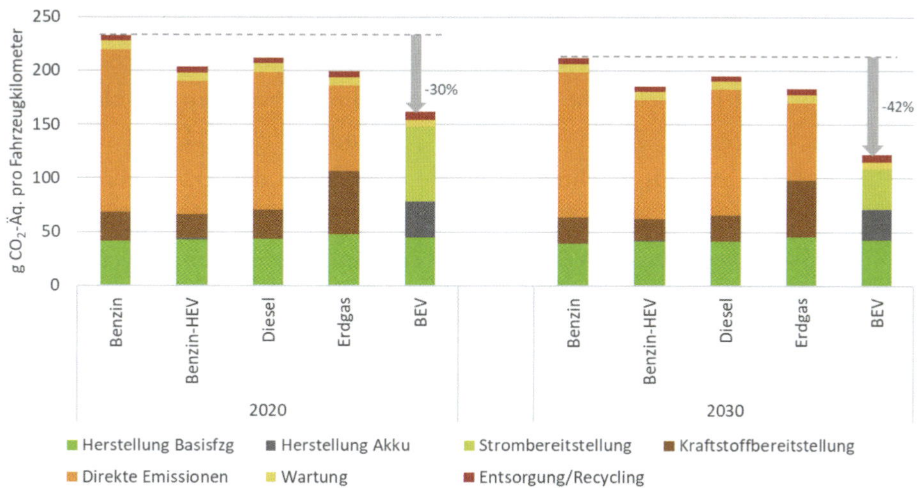

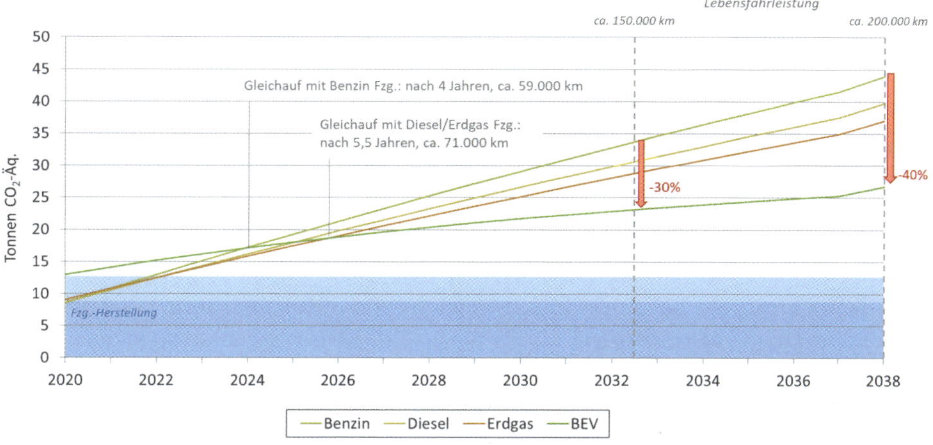

Abbildung 3.4: Kohlenstoffdioxid-Emissionen pro Fahrzeugkilometer über den gesamten Lebenszyklus (Quelle: Bundesministerium für Umwelt, PDF »Wie klimafreundlich sind E-Autos?«, Seite 3–4, bit.ly/3buoaP7)

Die genannten Einsparungen von 30 % CO_2-Emissionen pro gefahrenem Kilometer beruhen auf der mittleren Betriebsdauer von Fahrzeugen in Deutschland, die bei etwa 18 Jahren liegt. Diese kann bei E-Autos aufgrund des grundsätzlich geringeren Verschleißes sogar höher liegen.

Laut einer anderen Studie der Technischen Universität Eindhoven geht man von einer Emission von 75 kg pro Kilowattstunde Akkukapazität aus. Im Vergleich verursacht beispielsweise ein Tesla Model 3 65 % weniger CO_2 als ein vergleichbarer Mercedes C 220 d (*bit.ly/3qAVqbP* und *bit.ly/3vd3Uti*). Laut Studie hat das E-Auto den CO_2-Nachteil durch die Produktion der Akkus bereits nach 30.000 km wieder ausgeglichen. Der Mercedes (140 g CO_2/km, *bit.ly/3bwEm2k*), hat nach 30.000 km bereits 4.200 kg CO_2 erzeugt. Das E-Auto hingegen fährt nach 30.000 km ohne lokale CO_2-Emission »sauberer«.

Trotzdem emittiert auch ein E-Auto CO_2, unter anderem beim Laden. Denn nicht immer stammt der Strom, den das E-Auto lädt, aus erneuerbaren Energien. Mit dem aktuellen Strom-Mix geht man hierzulande von etwa 40 g CO_2 pro gefahrenem Kilometer aus.

3.16 DIE AKKUS DER E-AUTOS SIND ZU SCHWER

Das Center Automotive Research (CAR) kam bei einer Untersuchung zu dem Ergebnis, dass das im Vergleich zu Verbrennern höhere Gewicht von E-Autos keinen negativen Einfluss auf ihre Reichweite hat. Der Grund: Die größere Masse hilft bei der Energierückgewinnung durch Rekuperation (40–60 %). Bei einem Test wurde bei einem Tesla Model S (nur mit Fahrer*in) ein Verbrauchswert von 17,77 kWh ermittelt. Bei einem Zusatzgewicht von 300 Kilogramm stieg der Verbrauch lediglich auf 17,87 kWh an.

3.17 WOHIN MIT DEN ALTEN AKKUS?

Lithium-Ionen-Akkus verlieren mit der Zeit ihre maximale Nutzungskapazität. Sie kennen das vielleicht von Ihrem Smartphone. Irgendwann reicht die Ladung nicht mehr für einen ganzen Tag.

Akkus, die nur noch eine nutzbare Nettokapazität von 70 % bis 80 % aufweisen, werden oft als stationäre Energiespeicher verwendet. Nach 10 Jahren Einsatz im Auto haben die Akkus im stationären Betrieb nochmal eine Nutzungsdauer von ca. 10 bis 12 Jahren. Das BMW-Werk in Leipzig hat beispielsweise 700

»alte« Akkus aus dem BMW i3 zusammengeschaltet und nutzt diese als Großspeicher für die vor Ort erzeugte Solar- und Windenergie.

Ein anderes Beispiel dafür, dass Akkus auch nach langem Fahren und entsprechender Degradation noch sinnvoll eingesetzt werden können, findet sich im nordrhein-westfälischen Elverlingsen. Dort betreibt man seit November 2020 einen stationären Batteriespeicher, der Akkus aus 72 Renault ZOEs als Energiespeicher für das Stromnetz nutzt (*bit.ly/38tYRuy*). Der Batteriespeicher verfügt somit über eine Gesamtkapazität von 3 MWh. Weitere solcher Batteriespeicher sind europaweit in Planung. Zusammen sollen Sie eine Gesamtkapazität von 70 MWh aufweisen. Batteriespeicher wie diese werden dafür genutzt, um die Lücken zwischen Stromerzeugung und Nutzung zu schließen. Somit kann das Stromnetz stabilisiert werden und der nicht benötigte Strom von erneuerbaren Energien just-in-time im Batteriespeicher gespeichert werden.

Hat ein Akku aber tatsächlich das Ende seiner Lebenszeit erreicht, steht man beim Recycling erst am Anfang: Es gibt Pilotanlagen, die über 90 % der Rohstoffe aus Akkus zurückgewinnen, aber aufgrund aktuell mangelnder Verfügbarkeit von alten Akkus noch nicht rentabel arbeiten.

Folgende Materialien stecken in etwa in einem 50 kWh-Akku *(bit.ly/3bARaoB)*

- 6 kg Lithium
- 10 kg Mangan
- 11 kg Kobalt
- 32 kg Nickel
- 100 kg Graphit

3.18 E-AUTOS BRENNEN BEI UNFÄLLEN

Laut der deutschen Prüfgesellschaft Dekra sind E-Autos: »(...) genauso sicher wie Fahrzeuge mit Verbrennungsmotor (...)« (*bit.ly/38rIYEY*). Auch im Falle eines Akkubrandes würden sich die Brände langsamer entwickeln als bei Verbrenner-Systemen.

Statistisch gesehen gelten beim klassischen Auto 90 Fahrzeugbrände pro einer Milliarde gefahrener Kilometer als normal. Laut der Statistik der amerikanischen Feuerwehr kommt Tesla auf nur 2 Brände pro einer Milliarde Kilometer (*bit.ly/3rzR6Li*). Dennoch stellt die Hauptgefahr beim E-Auto der Akku dar, der aus vielen hunderten einzelnen Lithium-Ionen-Zellen besteht.

An dieser Stelle müssen wir einen kleinen Exkurs zum Aufbau eines Akkus machen (mehr über Akkus lernen Sie in Kapitel 8 ab Seite 89). Die Zellen haben jeweils einen Plus- und Minuspol und befinden sich in einem organischen Lösungsmittel, das dafür sorgt, dass die Lithium-Ionen in beide Richtungen wandern können. Zwischen Plus- und Minuspol befindet sich der Separator, der verhindert, dass die Ionen unkontrolliert wandern (siehe Seite 93). Wenn dieser Separator beschädigt wird, etwa durch Hitze oder einen Aufprall, kann es zu einem Kurzschluss kommen. Durch die Beschädigung wandern zu viele Ionen unkontrolliert umher, wodurch viel Energie freigesetzt wird. Der Akku fängt schließlich Feuer.

Es gibt Schutzmaßnahmen, die bei der Akku-Herstellung gesetzlich vorgeschrieben sind. Eine Vorkehrung ist folgende: Bei einem Unfall wird der Akku durch einen Automatismus sofort von den anderen Hochvoltkomponenten getrennt, wodurch keine Spannung mehr anliegt.

Tesla verbaut zusätzlich Brandschutzwände in den Akkus. Diese sollen verhindern, dass ein mögliches Feuer auf andere Akku-Einheiten überspringt.

3.19 WASSERSTOFF IST VIEL EFFIZIENTER

Entgegen der weitverbreiteten Meinung ist Wasserstoff (H_2) nicht effizienter als die direkte Stromnutzung. Sehen wir uns die nachfolgende Grafik an:

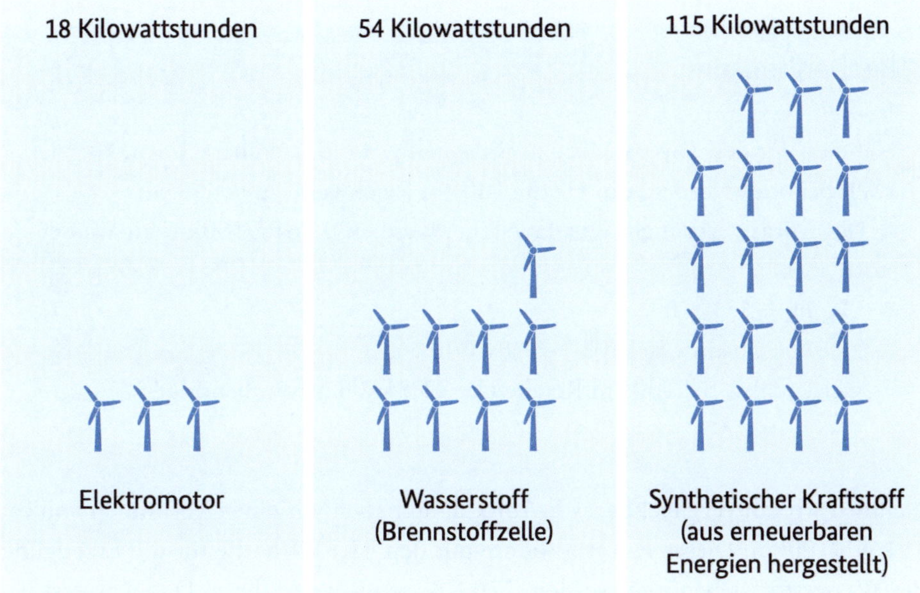

Abbildung 3.5: Strombedarf aus erneuerbaren Energien in Kilowattstunden (kWh) für verschiedene Antriebs- und Kraftstoffkombinationen pro 100 km (Quelle: Bundesministerium für Umwelt, PDF »Wie umweltfreundlich sind E-Autos?«, Seite 19, bit.ly/2N2Qm27).

Sie sehen, dass ein Auto, das mit auf Basis alternativer Energien gewonnenem Wasserstoff fährt, auf 100 gefahrenen Kilometern dreimal mehr Strom benötigt als ein E-Auto. Das liegt daran, dass bei der Wasserstoffproduktion durch Elektrolyse zunächst Energie aufgewendet werden muss, um einen verwertbaren Kraftstoff zu erzeugen, wohingegen ein batteriebetriebenes Fahrzeug den produzierten Strom direkt verwenden kann.

Um 1 kg Wasserstoff (H_2) mittels Elektrolyseverfahren herstellen zu können, werden 55 kWh Strom benötigt. Leider wird für die Wasserstoffproduktion ebenso Wasser (H_2O) benötigt. Für 1 kg H_2 wird das Neunfache, werden also 9 l Wasser benötigt. Das Wasser wird in Form von Wasserdampf durch den Auspuff des Wasserstofffahrzeuges ausgeleitet.

Rechenbeispiel

Nehmen wir den Toyota Mirai als Beispiel. Wir möchten berechnen, wie viel kWh benötigt werden, um H_2 für 100 km Reichweite zu erzeugen:

Der Mirai verbraucht laut Herstellerangaben 0,76 kg/100km an Wasserstoff.

1 kg H_2 = 55 kWh

0,76 kg/100 km × 55 kWh = 41,8 kWh

Es werden also für 100 km Reichweite 41,8 kWh Strom benötigt.

Nehmen wir ein vergleichbares E-Auto, dann haben wir einen Verbrauch von ca. 19 kWh/100km. Dieses E-Auto könnte mit den 41,8 kWh, die für die Erzeugung des Wasserstoffes benötigt werden, 220 Kilometer weit fahren. Das Wasserstoffauto hingegen schafft nur die genannten 100 Kilometer.

4 FAHREN

Das Fahren mit einem E-Auto fühlt sich einfach anders an als mit einem Verbrenner. Es gibt kein Ruckeln durch Schaltvorgänge, keine Motorunruhen, es fühlt sich alles viel weicher und direkter an.

Vor allem genieße ich das lautlose Dahingleiten und das direkte Ansprechen des Antriebs, sobald ich das Strompedal betätige. Durch den Elektromotor ist das Drehmoment des Motors sofort verfügbar.

Da macht es durchaus Spaß, beim Ampelstart hochpreisige Fahrzeuge deutscher Automobilkonzerne vorzuführen. Die meisten rechnen nicht damit, dass E-Autos aus dem Stand so lossprinten können.

4.1 ONE-PEDAL-DRIVING

Beim One-Pedal-Driving nutzt man, wie der Name schon sagt, lediglich ein Pedal zum Fahren des E-Autos: das »Strompedal«. Sie fahren beispielsweise auf eine Ampel zu und sehen, dass die gerade auf Gelb gesprungen ist und im nächsten Moment Rot wird. Gehen Sie einfach mit dem Fuß vom Strompedal runter und das Auto verlangsamt deutlich. Mit ein wenig Übung schaffen Sie es, ohne Einsatz der mechanischen Bremse an der Ampellinie zum Stehen zu kommen. Und das alles, ohne andere Verkehrsteilnehmer*innen zu behindern.

One-Pedal-Driving erfordert etwas Eingewöhnung. Hat man sich allerdings damit vertraut gemacht, möchte man nicht mehr anders fahren. Ich liebe es, mit nur einem Pedal unterwegs zu sein! Das schont zum einen Ihre Bremsen, zum anderen gewinnen Sie ganz nebenbei Energie zurück, durch einen Vorgang, der sich »Rekuperation« nennt.

4.2 REKUPERATION

Rekuperation ist die Rückgewinnung der Bewegungsenergie des rollenden Fahrzeugs. Das Fahrzeug verlangsamt dabei je nach Grad der Rekuperation unterschiedlich stark. Die Rekuperation beginnt, wenn Sie vom Strompedal gehen – dann wechselt der Elektromotor in den »Generatormodus«. Dabei erzeugt er Strom, ähnlich wie ein Fahrraddynamo. Dieser Strom fließt dann wieder zurück in den Akku. Im Stadtverkehr mit seinen häufigen Verzögerungsphasen ist das Fahren mit Rekuperation besonders praktisch.

Oft können Sie die Stärke der Rekuperation selbst bestimmen (meist über einen Wählhebel). Bei der leichten Rekuperation bleibt die Bremsleuchte oft aus. Bei der stärkeren Rekuperation leuchten die Bremsleuchten aufgrund der höheren »Bremsleistung« auf, sobald rekuperiert wird. Das warnt den nachfolgenden Verkehr, dass sich das E-Auto verlangsamt.

Es können allerdings nur 2/3 der Bewegungsenergie zurückgewonnen werden. Angenommen, die Bewegungsenergie Ihres E-Autos beträgt zum Zeitpunkt der Rekuperation 1 kWh, dann fließen im Idealfall 0,66 kWh in den Akku zurück.

Ist der Akku allerdings bereits voll (100 %), kann der Motor die Energie nicht zurück in den Akku speisen. Daher ist bei einem vollen Akku keine Rekuperation möglich. Auch bei hohen Ladeständen der Batterie (z. B. 90 %) kommt es vor, dass nicht die komplett zurückgewonnene Energie in den Akku fließen kann.

Im Winter oder bei niedrigen Außentemperaturen ist die Rekuperation ebenfalls nur eingeschränkt möglich. Das liegt hauptsächlich an der Temperatur des Akkus. Wenn der Akku bei Kälte noch nicht seine Wohlfühltemperatur erreicht hat (dazu mehr auf Seite 96), speist der Elektromotor den Akku durch die Rekuperation nur mit niedrigen Strömen, um dessen Zellen nicht zu schaden.

Hinweis

Denken Sie daran, dass fehlende Rekuperation bei vollem Akku oder Kälte bedeutet, dass Sie aktiv und vor allem früher bremsen müssen. Man vergisst das leicht, weil man sich die übrigen 90% Akkuladung über schnell an das Fahren mit Rekuperation gewöhnt.

Wenn Sie so viel Energie wie möglich einsparen möchten, sollten Sie sparsam bremsen. Beim Bremsen nämlich verpufft ein Großteil der Bewegungsenergie an Ihrer Bremsanlage in Wärme. Möchten Sie noch mehr Energie einsparen, sollten Sie auch so wenig wie möglich rekuperieren. Wie soll das funktionieren? Sie schalten einfach den Wählhebel auf »N« (Neutral) und »segeln«. Einige Elektroautos verfügen auch über die Möglichkeit, die Rekuperation komplett zu deaktivieren. Somit segeln Sie automatisch, sobald Sie den Fuss vom Strompedal nehmen.

4.3 »SEGELN« – EINFACH ROLLEN LASSEN

»Segeln« bedeutet, dass sich der Elektromotor im Freilauf befindet, ähnlich wie beim Leerlauf eines Verbrennungsmotors. Allerdings wird beim Verbrennungsmotor im Leerlauf noch weiter Sprit in den Motor gepumpt, beim E-Auto hingegen wird kein Strom verbraucht.

Beim »Segeln« mit dem Elektromotor wird weder Gas gegeben noch gebremst (also rekuperiert). In vielen E-Autos schalten Sie dazu auf »N« (Neutral) um, meist über den Wählhebel.

»Segeln« ist die effizienteste Art, ein E-Auto zu bewegen, da dabei am wenigsten verlustbehaftete Prozesse stattfinden. Sie rollen eben einfach nur. Das ist aufgrund des in der Regel höheren Gewichtes von E-Autos auf Strecken mit Gefälle ein deutlicher Vorteil gegenüber einem Fahrzeug mit Verbrennungsmotor.

Somit hat man als Stromverbrauch nur noch die Heizung, die Klimaanlage, evtl. das Fahrlicht und notwendige Fahrsysteme, die sowieso in Betrieb sind.

4.4 E-AUTOS HABEN KEIN GETRIEBE! ODER DOCH?

E-Autos haben ein Getriebe, nur kein »richtiges«, sondern ein stufenloses. Man fährt demzufolge Automatik, nur eben in einem Gang. Somit hat man keine Schaltvorgänge, und das Drehmoment ist sofort und permanent verfügbar. Zusätzlich ist dadurch, wie eingangs erwähnt, auch der Fahrkomfort wesentlich höher.

Wie fährt das E-Auto nun rückwärts?

Die Antwort ist ganz simpel: Der Motor dreht einfach andersherum.

Das einzige E-Auto am Markt, das derzeit ein zweistufiges Getriebe besitzt, ist der *Porsche Taycan*. Ein zweistufiges Getriebe ermöglicht einen besseren Wirkungsgrad und sorgt so für eine bessere Beschleunigung sowie für eine bis zu 5 % höhere Reichweite. Zusätzlich müssen sich die Hersteller bei einem zweistufigen Getriebe nicht mehr zwischen einem hohen Anfangsdrehmoment oder einer höheren Endgeschwindigkeit entscheiden.

4.5 ANHÄNGERBETRIEB

Grundsätzlich ist ein Anhängerbetrieb am E-Auto möglich. Derzeit gibt es aber kaum E-Autos, die mit einer Anhängerkupplung ausgestattet sind. Oft wird von Herstellern die Reichweite als Argument gegen eine Anhängerkupplung vorgeschoben. Durch das Ziehen eines Anhängers verbraucht man etwas mehr Energie. Man kennt das auch vom Verbrenner.

Hier eine Aufzählung von E-Autos, die für den Anhängerbetrieb zugelassen sind:

- **Audi**
  e-tron
- **Jaguar**
  I-PACE
- **KIA**
  e-Soul
- **Renault**
  Twizy
  ZOE
- **Nissan**
  e-NV200
- **Tesla**
  Model X
  Model Y

4.6 FAHREN IM WINTER

Wegen der Rutschgefahr bei Eis und Schnee ist es immer eine Herausforderung, im Winter zu fahren. Das erhöhte und direkte Drehmoment des Elektromotors kann dann zu Schwierigkeiten führen. Allerdings können heutige Elektromotoren durch die verbaute Elektronik das Drehmoment viel schneller und genauer kontrollieren. Infolgedessen können sich E-Autos oft besser auf Eis und Schnee fortbewegen als vergleichbare Verbrenner. Wenn Ihr E-Auto einen Allradantrieb hat, ist dieser meist besser als das Verbrenner-Pendant.

Hinweis

Niedrige Temperaturen können im Winter die Reichweite verringern und die Ladezeiten verlängern.

Hinweis

Da Elektromotoren nur eine geringe Abwärme erzeugen, sind bei vielen E-Autos elektrische Heizsysteme verbaut, die den Innenraum heizen. Aktuell wird dazu in vielen E-Autos auch eine Wärmepumpe verbaut (mehr dazu weiter unten).

Um im Winter im E-Auto nicht frieren zu müssen und möglichst wenig Energie zu verschwenden, habe ich nachfolgend ein paar wertvolle Tipps für Sie.

Winterreifen

Da es im Winter oft um Effizienz geht, sollten Sie bei den Winterreifen auf den Rollwiderstand achten. Dieser sollte möglichst gering sein, aber nicht zu gering! Ein zu geringer Rollwiderstand kann auf Kosten der Sicherheit gehen. Achten Sie zusätzlich auf das M+S- und das Schneeflocken-Symbol an der Reifenflanke.

Im Winter fahre ich das Tesla Model 3 mit Reifen von Nokian: WR A4 (XL) 235/45 R18 98V. Dessen EU-Reifenlabel weist eine Kraftstoffeffizienz der Klasse B und eine Nasshaftung der Klasse B auf.

Mollig warm beim Laden

Das Heizen des Innenraums kostet Energie. Und da diese Energie aus dem Akku des Fahrzeugs entnommen wird, kann sie Ihnen nachher für die Reichweite fehlen. Scheuen Sie sich also nicht, den Innenraum schon während des Ladens zu heizen.

Innenraumtemperaturen

Weichen Sie von Ihren Wohlfühltemperaturen einfach etwas ab. Stellen Sie z.B. statt 22 °C die Heizung nur noch auf 19 °C. Die paar Grad Unterschied machen sich in der Reichweite deutlich bemerkbar. Wenn es Ihnen dann doch zu kalt sein sollte, schalten Sie die Sitzheizung ein – sie ist effizienter als die herkömmliche Innenraumheizung.

Klimaanlage

Deaktivieren Sie die Klimaanlage! Oft ist zusammen mit der Klimaautomatik (die bis +20 °C Außentemperatur ausreicht) auch die Klimaanlage eingeschaltet. Klimaanlagen entziehen der Raumluft Feuchtigkeit und sorgen für eine trockene Luft, das ist vor allem im Winter nicht optimal für Ihre Gesundheit (trockene Schleimhäute). Zusätzlich verbraucht der Klimakompressor Energie, die Sie für das Heizen verwenden könnten.

Zonen-Steuerung für Sitzheizung

Heizen Sie, sofern möglich, nur die Sitzplätze, die auch besetzt sind. So vermeiden Sie Energieverschwendung.

Windschutzscheibenheizung

Nutzen Sie, sofern vorhanden, die Windschutzscheibenheizung (also die mit den feinen Heizdrähten im Glas), um Eis abzutauen. Sie verbraucht im Schnitt ca. 100 W. Ein Heizgebläse für die Windschutzscheibe kann schon mal bis zu 2 kW verbrauchen.

Wärmepumpe

Einige E-Autos haben eine Wärmepumpe verbaut. Diese ist deutlich effizienter als die herkömmliche elektrische Heizung.

Eine Wärmepumpe funktioniert ähnlich wie ein Kühlschrank, nur umgekehrt. Im Prinzip entzieht die Wärmepumpe der kalten Umgebungsluft Wärmeenergie, indem Sie diese mittels zugeführter Energie in einem Verdichter komprimiert. Dadurch entsteht mehr Wärmeenergie, die zum Heizen des Innenraumes verwendet werden kann.

Diese E-Autos sind mit einer Wärmepumpe ausgestattet:

- **Hyundai**
  IONIQ Elektro
  Kona Elektro
- **BMW**
  i3/i3s
- **VW**
  e-Golf
  VW ID.3
  VW ID.4
- **Tesla**
  Model Y
  Model 3 Refresh (2020)
- **Renault ZOE**
  Phase 2

Zwiebel-Look

Kleiden Sie sich in mehreren Schichten und reduzieren Sie einfach die Heizleistung von beispielsweise 22 °C auf 14 °C. So ist es auch möglich, mehr Reichweite zu erreichen. Aber mal ehrlich, wer will das schon?

Tipp

Planen Sie im Winter immer etwas mehr Akkureserve für Ihre Strecken ein. Man kann nie wissen, was unterwegs alles passieren kann!

5 WELCHE VOR- UND NACHTEILE HAT EIN E-AUTO?

In diesem Kapitel habe ich ein paar Vorteile und (vermeintliche) Nachteile eines E-Autos zusammengetragen.

5.1 VORTEILE

Fangen wir zunächst mit den Vorteilen eines E-Autos an.

Kein lokaler CO_2-Ausstoß

Ein Elektrofahrzeug produziert keinen lokalen CO_2-Ausstoß während der Fahrt, sondern lediglich die üblichen Feinstaube wie Bremsstaub und Reifenabrieb. Durch die Nutzung der Rekuperation kann jedoch weniger gebremst und der Bremsstaub mithin stark minimiert werden (siehe Seite 42).

Geringere Geräusch-Emissionen

Ein Elektromotor ist nahezu geräuschlos – beim erstmaligen Fahren eines E-Autos kommt es einem gespenstig ruhig vor. Man ist sich nicht einmal sicher, ob der Motor überhaupt läuft. Als Geräuschquellen hat man nur noch die Abrollgeräusche der Reifen und den üblichen Fahrtwind. Als Passant*in hört man ein E-Auto bei Schrittgeschwindigkeit fast gar nicht mehr.

Und das kann zu Situationen wie der folgenden führen, die mir selbst so passiert ist: Auf einem Parkplatz bei einer Supermarktkette liefen zwei männliche Passanten vor mir, die sich gemütlich unterhielten. Da ich mir über das fehlende Geräusch eines Verbrennungsmotors bewusst bin, habe ich die Passanten nicht überholt. Im schlimmsten Fall würden sie sich erschrecken, versuchen auszuweichen und direkt vor das Auto springen. Daher bin ich hinter ihnen »hergeschlichen«. Als sich einer der Beiden umdrehte, wirkte er erschrocken und zog seinen Nebenmann zur Seite, so dass ich passieren konnte.

Ich hätte natürlich hupen können, um auf mich aufmerksam zu machen. Allerdings ist die Hupe ein Warnsignal bei akuter Gefahr, die nicht missbräuchlich verwendet werden sollte.

Das ist unter anderem auch ein Grund, warum das AVAS (siehe »Was ist AVAS?« auf Seite 192) eingeführt wurde. Es erzeugt bei Geschwindigkeiten bis 30 km/h einen Warnton – erst ab 30 km/h nämlich sind die Abrollgeräusche der Reifen gut zu hören, und das AVAS verstummt.

Ich bin der Meinung, dass sich die Lebensqualität in den Städten drastisch verbessern wird, sobald mehr E-Autos unterwegs sind. Das liegt nicht nur an den niedrigeren Geräusch-Emissionen, sondern vor allem an der »sauberen« Luft, die aus der Reduktion des lokalen CO_2-Ausstoßes resultiert.

Kein CO_2-Ausstoß für die Erzeugung des Stroms

Man kann mit einem E-Auto komplett CO_2-neutral fahren. Hierfür allerdings muss man beim Laden auf Strom aus erneuerbaren Energien setzen. Viele Hausbesitzer*innen haben zum Beispiel die Möglichkeit, zu Hause eine Photovoltaik-Anlage (PV-Anlage) zu installieren und das E-Auto somit CO_2-neutral zu laden.

Alternativ wählen Sie einen Ökostromtarif und beziehen somit Strom aus erneuerbaren Energien direkt aus der heimischen Steckdose oder von Ihrer Wallbox.

Es gibt auch Ladesäulen-Anbieter, die ausschließlich erneuerbare Energien zum Laden des E-Autos offerieren.

Günstig im Unterhalt

Beim E-Auto sind die laufenden Kosten deutlich geringer als beim Verbrenner-Fahrzeug. Das liegt daran, dass Elektromotoren wesentlich effizienter als Verbrennungsmotoren arbeiten (siehe Seite 14). Auch sind die Ladekosten wesentlich geringer als die Tankkosten bei vergleichbaren Verbrenner-Fahrzeugen.

Ein E-Auto hat weniger Bauteile, die kaputt gehen können oder gewartet werden müssen. Auch das schont Ihren Geldbeutel. Ein weiterer Kosteneinsparungspunkt sind die Bremsen am Fahrzeug, benutzt man zum Bremsen doch hauptsächlich die Rekuperation. Bei vorausschauender Fahrweise ist die Bremse bloß noch dazu da, um Gefahrenbremsungen vornehmen oder das Auto zum Stehen bringen zu können.

Wenn Sie mehr zu den Kosten erfahren wollen, werfen Sie einen Blick auf den Abschnitt »Total Cost of Ownership (TCO)« auf Seite 67.

Umweltbonus

In 2019 haben rein elektrische Fahrzeuge einen Umweltbonus in Höhe von 4.000 € erhalten. Im Jahr 2020 wurde die Förderhöhe auf maximal 9.000 € angehoben (d.h. nur bis 40.000 € Listenpreis). Das Bundesamt für Wirtschaft und Ausfuhrkontrolle (BAFA) zahlt aktuell einen erhöhten Förderbetrag von 6.000 € (regulär 3.000 €) und der Hersteller die Differenz, also 3.000 €. Einige Hersteller erhöhen Ihren Förderanteil auf bis zu 5.000 €. So gibt es stellenweise Zuschüsse von bis zu 11.000 €.

Die Förderung ist aktuell für Fahrzeuge beantragbar, die bis zum 31.12.2021 *erstmalig* zugelassen worden sind (laut Merkblatt für Anträge nach der Richtlinie zur Förderung des Absatzes von elektrisch betriebenen Fahrzeugen (Umweltbonus) vom 21.10.2020, siehe *bit.ly/3rn5Cpv*).

Den Umweltbonus können Sie erst nach Zulassung des Fahrzeugs beantragen – Sie müssen Ihn also bei Erwerb des E-Autos sozusagen »vorstrecken«. Das Formular für den Förderantrag finden Sie online beim Bundesamt für Wirtschaft und Ausfuhrkontrolle, BAFA (*bit.ly/3nrSgXK*).

Fahrzeuge mit einer AVAS werden zusätzlich mit 100 € pauschal gefördert (was »AVAS« ist, erfahren Sie ab Seite 192). Um die Förderung zu erhalten, muss die AVAS serienmäßig vom Hersteller oder durch eine autorisierte Werkstatt zum Zeitpunkt des Fahrzeugerwerbes eingebaut worden sein. Sie ist nur dann förderfähig, wenn sie zum Zeitpunkt der Fahrzeugzulassung nicht verpflichtend in das Fahrzeug eingebaut werden musste. Ab einer Zulassung vom 01.07.2021 ist der Einbau einer AVAS für alle Fahrzeugtypen verpflichtend und damit nicht mehr förderfähig.

Übrigens ist am 16.11.2020 eine neue Richtlinie in Kraft getreten, der zufolge der Umweltbonus mit einer weiteren öffentlichen Förderung kombiniert werden darf. Das war vorher nicht möglich. Eine Liste der förderfähigen Fahrzeuge finden Sie auf der Website des BAFA unter *bit.ly/2PMbril*.

Je nach Menge der Förderanträge kann die Bearbeitung beim BAFA schon einmal ein paar Monate in Anspruch nehmen. Bei mir hat es im Jahr 2019 6 Monate gedauert, bis ich den Förderbetrag auf meinem Konto hatte. Der Prozess hat sich bis Ende des Jahres 2020 beschleunigt, und so war der Förderbetrag bei vielen Antragsteller*innen bereits nach 2 Monaten auf deren Konten.

Hinweis

Der Umweltbonus wurde übrigens bis Ende 2025 verlängert, was aber nicht für den erhöhten Bundesanteil gilt. Der erhöhte Bundesanteil wird nur für Neuzulassungen bis zum 31.12.2021 gewährt.

E-Kennzeichen

Ein E-Kennzeichen erkennen Sie daran, dass sich hinter der Nummernkombination der Buchstabe »E« befindet. Das Kennzeichen gilt für vollelektrische- und wasserstoffbetriebene Autos sowie Hybridfahrzeuge. Hybride unterliegen allerdings der Bedingung, dass sie mindestens 40 km rein elektrisch fahren müssen oder höchstens 50 Gramm CO_2 je Kilometer ausstoßen dürfen.

In Deutschland ist das E-Kennzeichen freiwillig. Einige Fahrzeughalter*innen möchten kein E-Kennzeichen am Fahrzeug haben. Ich sehe allerdings keinen Grund darin, warum an den Fahrzeugen kein E-Kennzeichen angebracht werden sollte. Im Prinzip bietet solch ein E-Kennzeichen nur Vorteile:

- Parken auf öffentlichen Stellplätzen mit besonderer Kennzeichnung für E-Autos oder Hybride (achten Sie auf Zeichen, Zusatzzeichen und Bodenmarkierungen wie unter *bit.ly/2PKU3L1* gezeigt)
- Nutzung von öffentlichen Straßen oder Wegen, die besonderen Zwecken gewidmet sind (Sonderspuren)

- Zulassung von Ausnahmen bei Zufahrtbeschränkungen oder Durchfahrtverboten
- (Teil-)Erlass von Gebühren bei der öffentlichen Parkraumbewirtschaftung

Diese Vorteile variieren je nach Stadt oder Kommune. Informieren Sie sich daher, welche Vorteile es bei Ihnen vor Ort gibt.

Wenn kein E-Kennzeichen angebracht ist, können die Ordnungsbeamt*innen nicht unterscheiden, welches Fahrzeug ein E-Auto ist und welches nicht, selbst wenn offensichtliche Merkmale wie etwa eine Abgasanlage mit Endrohren komplett fehlen. Auch wenn Sie einen Tesla fahren, gibt es keine Garantie dafür, dass die Ordnungsbeamt*innen wissen, dass Tesla keine Verbrenner baut.

In anderen Ländern wie Österreich besitzt das E-Kennzeichen (in grüner Schrift) beispielsweise den Vorteil, dass das IG-L für E-Autos keine Gültigkeit hat. IG-L ist das »Immissionsschutzgesetz – Luft«, das besagt, dass ein Tempolimit wegen einer hohen Schadstoffbelastung in der Luft gilt. Da für E-Autos eine Ausnahme besteht, darf ein E-Auto in einer IG-L-100 Zone auch 130 km/h fahren.

Nach einer neuen Verkehrsvorschrift in Österreich dürfen nun auch E-Autos mit ausländischen Kennzeichen von den oben genannten Vorteilen profitieren. Wichtig ist hier jedoch eine entsprechende Kennzeichnung am Fahrzeug (eben durch das E-Kennzeichen).

Kfz-Steuerbefreiung

Wenn Sie ein E-Auto zugelassen haben, erhalten Sie vom Kraftfahrt-Bundesamt einen Kfz-Steuerbescheid. Dieser bescheinigt Ihnen eine Kfz-Steuerbefreiung von 10 Jahren. In diesem Schreiben steht auch der Betrag, den Sie *in 10 Jahren* zahlen sollen (der Betrag wird sich bis dahin sicher noch ändern, aber Hauptsache, es steht schon mal etwas auf dem Bescheid!).

Nachfolgend ein Vergleich, der die Einsparungen bei der Kfz-Steuer demonstrieren soll. Zur Gegenüberstellung habe ich den Verbrenner BMW 320d Steptronic gewählt, ist dieser doch im Jahr 2019 im ADAC-Test mit der guten Note 2.0 bewertet worden und der Größe nach dem Tesla Model 3 sehr ähnlich.

Rechenbeispiel

- Tesla Model 3: 10 Jahre von der Kfz-Steuer befreit.
- BMW 320d Steptronic: Laut Kfz-Rechner des Bundesfinanzministeriums wird im Jahr 2020 ein Kfz-Steuerbeitrag in Höhe von 282 € fällig.

Für die Dauer der Befreiung von zehn Jahren kommen Sie hier also auf eine Steuerersparnis von 2.820 €.

Der Bundestag hatte im Jahr 2020 eine neue »CO_2-Steuer« beschlossen. Davon sind zwar keine bereits zugelassenen Fahrzeuge betroffen, allerdings sämtliche Fahrzeuge mit einer erstmaligen Zulassung ab 01.01.2021. Ab dann gilt: je höher der CO_2-Ausstoß pro Kilometer (ab 95 g/km), desto höher der Steuersatz. Mit dem oben aufgeführten BWM landen wir schließlich bei etwa 288 €. Das sind in 10 Jahren sogar 2.880 €.

Man tut etwas für die Zukunft

Laut der U.S. Energy Information Administration (EIA) beliefen sich die CO_2-Emissionen der USA im Jahr 2019 beim Automobilverkehr auf 1.546 Millionen Tonnen (Abbildung 8 in *bit.ly/3bsrVVj*). Eine Studie der Advancing Earth and Space Science (AGU) hat nun mehrere Szenarien analysiert, wie sich die Umstellung von Verbrenner- auf Elektrofahrzeuge auf das Klima und die Gesundheit in den USA auswirkt (siehe *bit.ly/3ce0BJG*). Mit einem Elektrofahrzeuganteil von 25 % und mit dem heutigen Strom-Mix könnten 242 Mio. Tonnen CO_2 eingespart werden – also fast 16 %. Weiterhin ließen sich 437 Todesfälle durch Feinstaub sowie 98 Todesfälle im Zusammenhang mit der Ozonbildung in den USA vermeiden. Das Gesundheitssystem könnte somit 16,8 Milliarden Dollar einsparen.

Ein E-Autoanteil von 75 % und ein Strom-Mix aus emissionsfreien Energiequellen würde die CO_2-Emissionen noch drastischer reduzieren. So gäbe es 1.576 Todesfälle weniger durch Feinstaubbelastung. Ebenso würden 420 Menschen weniger im Zusammenhang mit zu hoher Ozonbelastung sterben.

Die Studie verschweigt nicht, dass bei einem höheren E-Autoanteil auch mehr Ladeenergie zur Verfügung gestellt werden muss. Diese Ladeenergie sollte im optimalen Fall natürlich aus emissionsfreien Energiequellen stammen, weil die Stromerzeugung zur Deckung des gestiegenen Bedarfs sonst wieder zu höheren Emissionswerten führt.

5.2 NACHTEILE

In diesem Abschnitt geht es um die (vermeintlichen) Nachteile von E-Autos.

Hohe Anschaffungskosten

Ja, E-Autos sind teuer in der Anschaffung. Allerdings muss man diese Investition ganzheitlich betrachten. Daher verweise ich hier auf den Abschnitt »Total Cost of Ownership (TCO)« auf Seite 67, in dem ich Ihnen die Gesamtkosten eines E-Autos im Vergleich zu einem Verbrennerfahrzeug aufzeige. Sie werden verblüfft sein!

Stigmatisierung – schlechte Publicity

Zum Thema »schlechte Publicity« kann ich nur sagen: Da hat die deutsche Autolobby ganze Arbeit geleistet. Oft behaupteten Autokonzerne, E-Autos seien von Kund*innen nicht gewollt und mit einer großen Reichweite nicht vereinbar. Es gab viele weitere haltlose Einwände wie: Das Laden würde zu lange dauern, es gäbe keine Infrastruktur, das Stromnetz wäre nicht dafür ausgelegt und so weiter. Nun hat die deutsche Autolobby Probleme, zurück zu rudern.

Ihnen wird aufgefallen sein, dass auch im TV und in Printmedien immer mehr Werbung für die Elektromobilität gemacht wird. So langsam findet die Wende offenbar statt. Beispielsweise der VW ID.3 wird bereits seit ein paar Monaten verkauft (Stand Dezember 2020). Die Zulassungszahlen sprechen für sich. Im Dezember waren es 7.349. Es zeigt sich also: Der ID.3 hatte einen guten Start. Jedes zugelassene E-Auto ist ein wichtiger und guter Schritt in die richtige Richtung, hin zur Verkehrswende.

Volkswagen betrieb Anfang des Jahres 2020 in den sozialen Medien viel Werbung für den ID.3. Wahrscheinlich, um die zuvor betriebene Publicity gegen Elektromobilität zu kompensieren. Schaut man sich allerdings die Kommentare unter derartigen Werbeposts an, werden dort die Argumente wiederholt, die die deutsche Autolobby seinerzeit gegen die Elektromobilität anführte.

Wir werden im Laufe des Jahres 2021 sehen, wie gut sich der VW ID.4 verkauft, soll dieser der hoch angepriesene »Volks-Stromer« sein. Auch bin ich sehr gespannt, wie sich die Meinung der Käufer*innenschaft zur E-Mobilität verändern wird.

Umstellung: Vom Tanken zum Laden

Beim »Strom-Tanken« müssen alle, die bislang einen Verbrenner gefahren haben, umdenken. Angefangen beim Einsatz von Apps über das Freischalten der Ladesäule bis hin zum Einstecken des Steckers. Auch die Bezahlung funktioniert anders. Während man an der Tankstelle noch menschlichen Kontakt hat und wahlweise in Bar oder mit Karte zahlen kann, nutzt man an der Ladesäule spezielle Ladekarten (mehr dazu im Kapitel 13 »Mit nützlichen Ladekarten und -Apps durch den Preisdschungel« ab Seite 169), gegebenenfalls besteht die Möglichkeit, mit EC- oder Kreditkarte zu zahlen. Eine Umstellung bedeutet auch, dass der reine »Tankvorgang« nun nicht mehr nur 5 bis 10 Minuten dauert, sondern vielleicht einmal 20 bis 30 Minuten, und das auch nur an einem Schnelllader.

Längere Trips muss man planen

Es ist tatsächlich so, dass längere Trips mit dem Elektrofahrzeug geplant werden sollten – vor allem, wo und wie lange geladen werden muss.

Nichtsdestotrotz muss man mit einem Verbrenner ähnlich oft Pausen machen wie mit einem E-Auto. Hier ein Vergleich: Gehen wir von einer Fahrt von Hannover nach München aus. Laut Google Maps ist das eine Strecke von 635 km. Geschwindigkeit und Route sind bei Verbrenner und Elektro identisch.

Fahrzeug	Strecke	benötigte Zeit (h:min)	Daten zur Zeitkalkulation
Verbrenner	635 km	5:34	Ohne Verkehr und ohne Pause
Elektro (Referenz: Tesla Model 3)	635 km	6:21	Ohne Verkehr, inkl. 2 × Schnellladen

Die zeitliche Differenz ist also gar nicht so groß. Außerdem ist beim Verbrenner noch keine Pause eingerechnet, wohingegen man beim E-Auto zweimal die Möglichkeit hat, eine Pause einzulegen – und sei es nur, um sich mal die Beine zu vertreten oder etwas zu essen.

Nachfolgend ein paar Tipps, mit denen Sie auch längere Strecken fahren können, ohne sich Sorgen um eine ausreichende Ladung Ihres Akkus machen zu müssen.

- Planen Sie die Route *vor* Antritt der Fahrt mit Ladestopps (siehe dazu das Kapitel 15 »Tipps zur Reiseplanung« ab Seite 199).
- Planen Sie ein paar Prozent an zusätzlichem Akku-Puffer ein.
- Laden Sie vor Fahrtantritt auf 100 %.
- Bevorzugen Sie bei Ihrer Planung Ladeparks gegenüber einzelnen Ladepunkten – so haben Sie Ausweichmöglichkeiten, falls der angestrebte Ladepunkt defekt sein sollte.
- Planen Sie Ihre Ladestopps so, dass Sie sie auch zur Entspannung nutzen können.

- Laden Sie an den Schnellladepunkten nur bis zu 80 %.
- Ziehen Sie im Winter ca. 10 % bis 20 % von der im Bordcomputer angegebenen Reichweite ab.
- Planen Sie Ihre Ladestopps so, dass Sie am Zielort noch einen ausreichend hohen Akkustand haben.
- Im Idealfall hat Ihr Zielort eine Lademöglichkeit.

Optimale Reisegeschwindigkeit

Die optimale Reisegeschwindigkeit auf Autobahnen ist ein Thema für sich, denn mit steigender Geschwindigkeit steigt auch der Verbrauch, es sind also mehr Ladestopps nötig. Sie müssen selbst herausfinden, welche Geschwindigkeit für Ihr Auto die optimale ist.

Wenn Sie sich einen Überblick über die unterschiedlichen Reisezeiten mit verschiedenen Geschwindigkeiten verschaffen möchten, kann ich Ihnen die Website bzw. App »A Better Routeplanner« (kurz »ABRP«) empfehlen (mehr dazu im Kapitel »A Better Routeplanner« auf Seite 200). Wenn Sie dort in den »Settings« die »Detailed«-Ansicht aktivieren, können Sie verschiedene Reisegeschwindigkeiten durchprobieren. Der Planer errechnet Ihnen die Anzahl an nötigen Ladestopps sowie die gesamte Reisedauer inklusive Ladezeit. Ohne die Geschwindigkeitsvorgabe erstellt Ihnen ABRP eine Routenplanung mit Geschwindigkeitsempfehlungen zwischen den Ladestopps.

Nachfolgend zwei Beispiele. Das erste zeigt eine Routenplanung für den Tesla Model 3 Long Range RWD für obige Fahrt von Hannover nach München (ca. 635 km). Der Akkustand ist 100 % bei Start in Hannover und 40 % bei Ankunft in München.

Ermittlung »optimale Reisegeschwindigkeit« Tesla Model 3 Long Range RWD, Gesamtstrecke 635 km				
Max. Geschwindigkeit (sofern erlaubt)	**Fahrzeit (h:min)**	**Anzahl Ladestopps**	**Ladedauer (h:min)**	**Gesamtzeit (h:min)**
80 km/h	8:30	2	0:17	8:47
100 km/h	6:57	2	0:23	7:20
120 km/h	6:15	3	0:33	6:48
130 km/h	5:54	3	0:38	6:32
150 km/h	5:21	3	0:51	6:12
160 km/h	5:17	4	1:00	6:18
180 km/h	5:03	5	1:13	6:16
200 km/h	5:05	5	1:16	6:21

Sie sehen, dass die optimale Reisegeschwindigkeit beim Model 3 bei ca. 150 km/h liegt, da wir so die geringste Gesamtzeit haben. Der ausschlaggebende Punkt ist tatsächlich die Ladedauer und nicht die benötigte Anzahl der Stopps. Zwar haben wir mit 150 km/h 16 Minuten mehr Fahrzeit als mit 200 km/h, allerdings laden wir dafür 25 Minuten weniger und holen die Zeit so wieder auf.

Das zweite Beispiel zeigt eine Renault ZOE (R110, 41 kWh, mit CCS-Stecker). Hier liegt die optimale Geschwindigkeit bei etwas über 100 km/h. Die Tabelle sieht insgesamt deutlich anders aus. Nicht nur, weil die nominelle Reichweite dieses ZOE-Modells mit ca. 270 km nicht einmal halb so groß wie die des Teslas ist, sondern auch, weil die ZOE – CCS-Anschluss vorausgesetzt – am Schnelllader mit nur maximal 50 kWh lädt. Wenn Sie mit der ZOE (oder einem vergleichbaren E-Auto) häufiger Langstrecken fahren möchten, sollten Sie also lieber in den 50 kWh-Stunden-Akku investieren (beachten Sie auch, dass der CCS-Stecker nicht Teil der ZOE-Standardausstattung ist, also bei Neukauf konfiguriert werden muss – eine Nachrüstung lohnt sich nicht).

Ermittlung »optimale Reisegeschwindigkeit« Renault ZOE R110, 41 kWh, mit CCS-Stecker, Gesamtstrecke 635 km				
Max. Geschwindigkeit (sofern erlaubt)	**Fahrzeit (h:min)**	**Anzahl Ladestopps**	**Ladedauer (h:min)**	**Gesamtzeit (h:min)**
80 km/h	08:51	3	02:18	11:09
100 km/h	07:35	5	03:06	10:41
120 km/h	06:36	6	04:21	10:57
130 km/h	06:15	6	05:07	11:22

Ergebnis: Die optimale Reisegeschwindigkeit mit der ZOE beträgt in etwa 100 km/h.

Noch ein drittes Beispiel: Bei einem Hyundai Kona Elektro betrüge die Gesamtzeit mit 150 km/h etwas über 7 Stunden. Das liegt ebenfalls an der geringeren maximalen Ladeleistung von nur 78 kW (DC) – während Teslas Model 3 mit aktuell maximal 250 kW lädt.

5.3 CO_2-RUCKSACK – DER ÖKOLOGISCHE FUSSABDRUCK

Bei der Produktion von E-Autos fallen wie beim Verbrenner auch CO_2-Emission an. Allerdings steht dieses Thema beim E-Auto stärker im Vordergrund. Man spricht hier vom »CO_2-Rucksack«, was meint, dass ein Automobil einen bestimmten CO_2-Ausstoß bei der Produktion verursacht hat. Bis dieser Rucksack neutralisiert ist, muss das Fahrzeug eine bestimmte Lebenszeit inklusive einer gewissen Kilometerleistung überschritten haben. Die Größe des CO_2-Rucksacks ist je nach Fahrzeug und Produktionsart unterschiedlich.

An dieser Stelle wird oft die sogenannte »Schweden-Studie« zum CO_2-Rucksack zitiert. Allerdings ist sie veraltet und wurde bereits vielfach widerlegt. Das Svenska Miljöinstitutet *(IVL)*, das die erste Studie im Jahr 2017 veröffentlicht hatte, erhob im Jahr 2019 aktuelle Zahlen zu den CO_2-Emissionen und passte seine Studie an.

Eine andere neue Studie von Transport and Environment hat die CO_2-Emissionen von E-Autos und Verbrennern in der EU verglichen. Für diese Studie wurde

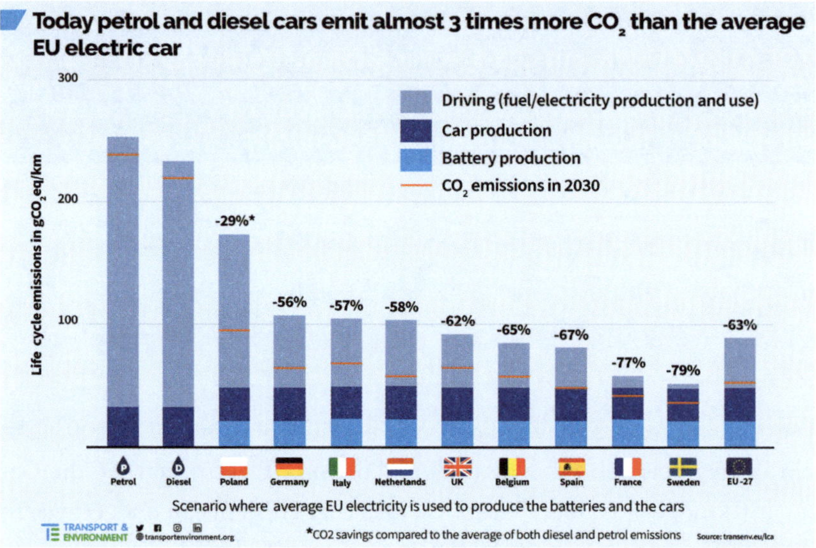

Abbildung 5.1: Aktuelle Diesel- und Benzinfahrzeuge erzeugen fast dreimal so viel CO_2*-Emissionen wie ein vergleichbares E-Auto aus der EU (Quelle: bit.ly/38tVFiN)*

eine Analyse vorgenommen, die nicht nur den pauschalen Ausstoß pro Kilometer berücksichtigt, sondern auch die Fertigung der Autos sowie deren Nutzungsdauer. Bei der Nutzungsdauer wurden 15 Jahre angesetzt. Weiterhin wurden unterschiedliche Laufleistungen der Fahrzeuge je nach Fahrzeugkategorie (Kleinwagen, Kompaktwagen, SUV usw.) angenommen. Über die 15jährige Nutzungsdauer wurden Laufleistungen von 170.000 bis zu 500.000 km angenommen.

Transport and Environment hat zusammen mit der Studie einen Onlinerechner zur Verfügung gestellt: *bit.ly/3dq07le*. Mit ihm lassen sich die CO_2-Emissionen aus verschiedenen Fahrzeugsegmenten miteinander vergleichen – etwa Elektroantrieb mit Diesel- oder Benzinantrieb. Die Wahl des Landes, in dem die Fahrzeuge gefahren werden, hat über den dort vorherrschenden Strom-Mix ebenfalls einen Einfluss auf das Ergebnis der CO_2-Emissionen der Autos. Als Resultat erhält man eine Vergleichsdarstellung, die die CO_2-Emission pro gefahrenem Kilometer aufzeigt, sowie eine grafische Darstellung, die illustriert, ab wann das E-Auto weniger CO_2-Emissionen erzeugt hat als ein vergleichbarer Verbrenner.

Der CO_2-Ausstoß, der bei der Produktion für ein E-Auto entsteht, ist in etwa über einem Jahr wieder ausgeglichen. Wie schnell das passiert, hängt auch maßgeblich von der Laufleistung ab!

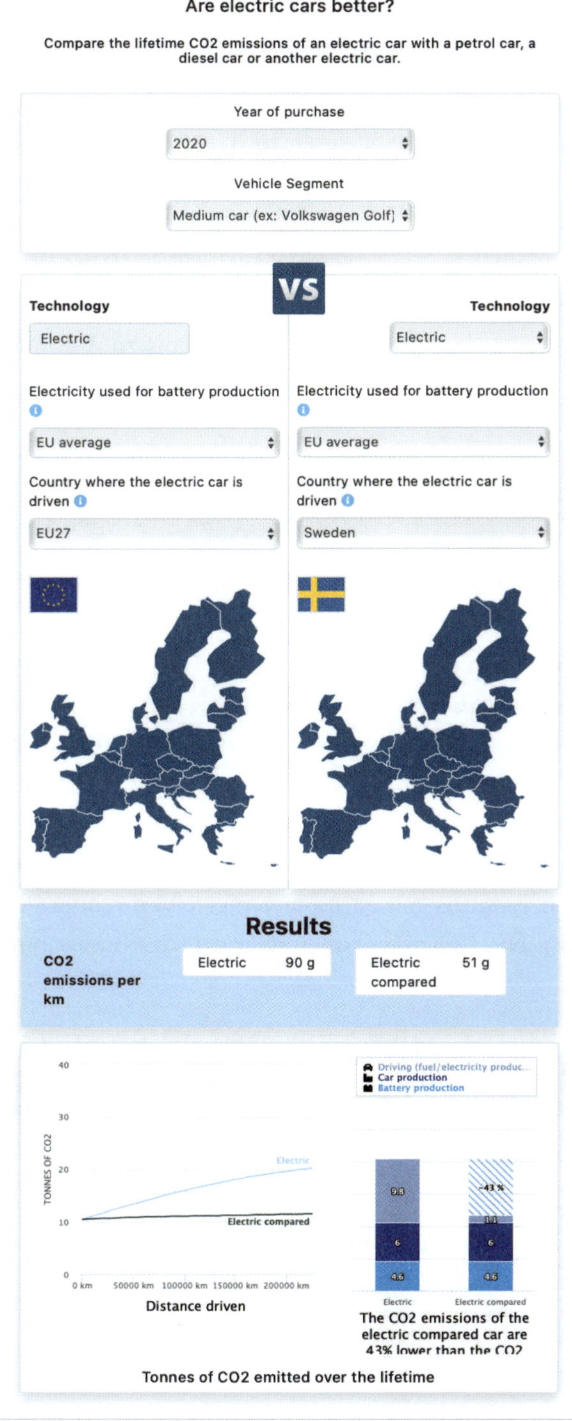

Abbildung 5.2: Onlinerechner von Transport and Environment zum Vergleich von CO_2-Emissionen verschiedener Fahrzeugsegmente (Quelle: bit.ly/38tVFiN)

Wenn die gesamte Energie für die Produktion eines E-Autos und das Laden des Akkus aus erneuerbaren Energien stammt, dann ist das E-Auto bereits nach ca. 13.000 km Laufleistung »grüner« als ein vergleichbarer Verbrenner. Legt man den durchschnittlichen Strom-Mix in Deutschland zugrunde, ist das E-Auto jedoch erst nach ca. 23.000 km Laufleistung »grüner« als ein vergleichbarer Verbrenner. Zusätzlich werden über die Lebensdauer des E-Autos über 30 Tonnen an CO_2 eingespart. Bei E-Autos mit hoher Laufleistung wie beispielsweise Taxis können bis zu 85 Tonnen CO_2 eingespart werden.

Runtergebrochen lässt sich sagen, dass ein E-Auto pro Jahr bis zu 2 Tonnen an CO_2 einsparen kann.

Was die Studie auch zeigt

E-Autos verursachen schon heute weniger CO_2-Emissionen als Fahrzeuge mit Diesel- oder Benzinmotoren. Selbst bei einem Strom-Mix, der fast ausschließlich auf Kohle setzt, wie etwa in Polen, sind die CO_2-Emissionen eines E-Autos um ca. 30 % niedriger als die eines vergleichbaren Diesels oder Benziners (*bit.ly/38tVFiN*).

Eine weitere aktuelle Studie der TU Eindhoven zeigt ein sehr ähnliches Ergebnis. In der Studie wurden zusätzlich E-Autos mit ihren jeweiligen Verbrenner-Pendants verglichen (*bit.ly/3l19jyV*). Die Gegenüberstellungen der CO_2-Emissionen sind interessant:

CO_2-Emissionen	Toyota Prius 1.8 I 2020	Volkswagen eGolf
Herstellung ohne Akku	28 g CO_2/km	24 g CO_2/km
Herstellung des Akkus	(-)	11 g (36 kWh-Akku)
Fahren	140 g CO_2/km	43 g CO_2/km
Gesamt g CO_2/km	**168g CO_2/km**	**78g CO_2/km (54 % weniger)**
Anzahl der km, die das E-Auto benötigt, um den Akku »zurückzuzahlen«.		28.000

CO_2-Emissionen	Mercedes C 220d	Tesla Model 3
Herstellung ohne Akku	32 g CO_2/km	28 g CO_2/km
Herstellung des Akkus	(-)	23 g (75 kWh-Akku)
Fahren	228 g CO_2/km	40 g CO_2/km
Gesamt g CO_2/km	260 g CO_2/km	91 g CO_2/km (65 % weniger)
Anzahl der km, die das E-Auto benötigt, um den Akku »zurückzuzahlen«.		30.000

CO_2-Emissionen	Bugatti Veyron	Porsche Taycan S
Herstellung ohne Akku	40 g CO_2/km	36 g CO_2/km
Herstellung des Akkus	(-)	28 g (93 kWh-Akku)
Fahren	738 g CO_2/km	76 g CO_2/km
Gesamt g CO_2/km	778 g CO_2/km	140 g CO_2/km (82 % weniger)
Anzahl der km, die das E-Auto benötigt, um den Akku »zurückzuzahlen«.		11.000

Wie viel Energie benötigt die Produktion von fossilen Kraftstoffen?

Bis der Kraftstoff an den Tankstellen ankommt, ist ein langer Prozess nötig, der selbst natürlich auch Energie beansprucht. Die verschiedenen Stationen dieses Prozesses lauten: Ölförderung, Transport des Öls zu den Raffinerien, Transport durch Pipelines, Energieaufwand zum Raffinieren und schließlich der Transport zur Tankstelle – ihr jeweiliger Energieverbrauch lautet wie folgt (Quelle: *bit.ly/3nGjJVQ*):

- Erdölförderung: 1 GWh für das Fördern von Rohöl
- Transport zu den Raffinerien: Per Hochseetanker, die pro Fahrt 9.000 Tonnen Rohöl verbrauchen. Das sind in etwa 92,7 GWh!

→

- **Pipelinetransport:** Jährlich 583 GWh für Benzin und 833 GWh für Diesel – nur für den Pipeline-Transport von Russland nach Deutschland.
- **Raffinieren:** Um 1 l Kraftstoff herzustellen, werden 1,6 kWh benötigt.
- **Transport an die Tankstelle:** Ein Tanklastzug hat ein Fassungsvermögen von etwa 40.000 l Kraftstoff. Vollbetankt beläuft sich der Verbrauch dieses Tanklastzuges auf etwa 30 l/100 km. Das ist ein Energieverbrauch von 210 kWh/100 km.
- **Tankstellen:** Der durchschnittliche jährliche Stromverbrauch einer Tankstelle liegt bei 200.000 kWh. Wir haben in Deutschland 14.449 Tankstellen. Somit haben wir einen Jahresverbrauch in Höhe von 2.899,8 GWh.
- **Kurz zusammengefasst:** Für 6 l Diesel werden in etwa 42 kWh benötigt. Mit diesen 42 kWh kann ein E-Auto bereits 200 km fahren.

Das heißt, bevor das Dieselfahrzeug überhaupt 1 km gefahren ist, hat das E-Auto mit dieser Energiemenge bereits 200 km zurückgelegt.

Wie Sie sehen, wird bereits für die Erzeugung von Kraftstoffen eine Menge Energie benötigt. Wenn die Erzeugung von fossilen Kraftstoffen drastisch reduziert wird, kann die so gesparte Energie sinnvoller eingesetzt werden.

Die Reichweite

Für einige ist die Reichweite, die ein E-Auto aktuell leisten kann, ein Problem. Das wird oft damit begründet, dass man keine 500 bis 600 km am Stück fahren könne. Aber wenn wir ehrlich sind, machen wir nach 3 bis 4 Stunden Autofahrt sowieso eine Pause – sei es nun zum Nachtanken, zum Aufsuchen der Örtlichkeiten, zum Beine vertreten, oder nur um einen Happen zu Essen.

Total Cost of Ownership (TCO)

Auch bei einem Vergleich der Gesamtkosten (sogenannte »Total Cost of Ownership«) von E-Auto und Verbrenner über einen Zeitraum von fünf Jahren hat ersteres die Nase vorn. Für die Kostenberechnung (nur für Privatpersonen) sind folgende Faktoren relevant:

- Förderungen oder Steuervergünstigungen
- Kfz-Steuer
- Ladeinfrastruktur für das E-Auto
- Verbrauch
- Versicherung
- Wartung und Service
- Wertverlust

Vergleichen wir doch mal einen Tesla Model 3, einen BWM 330e und einen Audi S4 TDI miteinander. Wir möchten ja realistisch bleiben und müssen uns daher in der gleichen Fahrzeugkategorie bewegen. Ich gehe in der Berechnung von einer durchschnittlichen Haltedauer von 5 Jahren und einer Laufleistung von 15.000 km pro Jahr aus.

	Tesla Model 3 Long Range	BMW 330e Advantage Steptronic	Audi A4 50 TDI S line quattro tiptronic
Anschaffungskosten	57.770 €	52.450 €	53.050 €
Ladeinfrastruktur	1.200 €	0 €	0 €
Förderungen oder Steuervergünstigungen	– 9.000 €	0 €	0 €
Verbrauchskosten	3.960 €	5.485 €	6.750 €
Kfz-Steuer	0 €	200 €	2.345 €
Versicherung	4.950 €	9.565 €	8.245 €
Wartung und Service	4.500 €	5.220 €	7.200 €
Wertverlust	29.280 €	31.380 €	38.760 €
Gesamtkosten auf 5 Jahre	63.380 €	72.921 €	77.590 €

Datengrundlage zur Berechnung			
	Tesla Model 3 Long Range	**BMW 330e Advantage Steptronic**	**Audi A4 50 TDI S line quattro tiptronic**
Verbrauch auf 100 km	16 kWh/100 km	1,4 l/100 km + 15,8 kWh/100 km	7,2 l/100 km
Kraftstoffkosten	0,33 €/kWh	1,50 €/l + 0,33 €/kWh	1,25 €/l
Kfz-Steuer	0 € für 10 Jahre	40 € pro Jahr	469 € pro Jahr
Versicherung: Vollkaskobetrag 100 % 500 Euro SB	990 € pro Jahr	1.913 € pro Jahr	1.649 € pro Jahr
Wartung und Service	75 € pro Monat	87 € pro Monat	120 € pro Monat
Wertverlust	467 € pro Monat	523 € pro Monat	646 € pro Monat

Quelle für Daten des Tesla Model 3: Eigene Quelle, für alle weiteren Daten: ADAC (bit.ly/2OidDhg)

Wie Sie erkennen, weist der Tesla die niedrigsten laufenden Kosten sowie den geringsten Wertverlust auf. Allerdings ist der Anschaffungspreis höher, und die 1.200 € für die Wallbox kommen auch noch hinzu. Ziehen wir aber die Umweltprämie in Höhe von 9.000 € ab, sind die Anschaffungskosten fast identisch mit denen des BMW. Betrachten wir die Gesamtkosten über 5 Jahre, erweist sich der Tesla als der günstigste Kandidat unter den Dreien.

Übrigens

Unter *efahrer.chip.de/kostenrechner* finden Sie einen TCO-Rechner speziell für den Vergleich von Elektro- und Verbrennerfahrzeugen.

TEIL 2:

FAHREN MIT STROM

6 DER ELEKTROMOTOR IN DER AUTOMOBILGESCHICHTE

Ein Elektromotor in der Automobilindustrie ist eigentlich nichts Neues oder Revolutionäres. Bereits im Jahr 1881 gab es in Paris ein erstes Auto mit Elektroantrieb. Der Erfinder Gustave Trouvé hatte ein dreirädriges Gefährt gebaut, das mit Elektromotoren und Blei-Akkus ausgestattet war. Damit erreichte das Gefährt eine Höchstgeschwindigkeit von 12 km/h und eine Reichweite von 14 bis 26 km.

Kurz darauf im Jahr 1888 soll ein vierrädriges elektrisch betriebenes Gefährt von der Coburger Maschinenfabrik A. Flocken gebaut worden sein, der weltweit erste elektrisch angetriebene Personenkraftwagen.

Mit dem Voranschreiten der Entwicklung wurden 1900 in den USA etwa 34.000 Fahrzeuge elektrisch betrieben – zu der Zeit etwa 38 % aller Automobile im Land. Der Höhepunkt der E-Auto-Verkäufe wurde im Jahr 1912 erreicht. Danach ging ihr Marktanteil massiv zurück, und die heute bekannten Verbrennungsmotoren eroberten den Markt. Der Grund für diesen massiven Einbruch war, dass technische Innovationen die Verbrennungsmotoren attraktiver machten. Dazu zählten u. a. folgende:

- Statt den Verbrennungsmotor mühsam per Kurbel zu starten, brauchte man nur noch einen Anlasser zu drücken.
- Die Reichweite von Fahrzeugen mit Verbrennungsmotor war im Vergleich zu den damaligen E-Autos signifikant größer.
- Öl als Grundlage für die Kraftstoffe der Verbrennungsmotoren wurde deutlich günstiger.
- Die Standard Oil Company sorgte dafür, dass Benzin der dominierende Kraftstoff wurde – nicht nur in den USA.

6.1 DIE RENAISSANCE DES E-AUTOS

In den Jahren 1990 bis 2002 erlebten die E-Autos eine Renaissance, unter anderem unter dem Einfluss der Ölkrise in den 1990ern und dank eines wachsenden Umweltbewusstseins.

BMW E1 (1991–1993)

BWM entwickelte zwei Prototypen für ein E-Auto, den BMW E1. Er verfügte über einen Elektromotor, der direkt über der Hinterachse verbaut war. Die Höchstgeschwindigkeit lag bei 120 km/h und die Beschleunigung von 0–50 km/h bei

6 Sekunden. Ausgestattet war der BWM E1 mit einem Natrium-Schwefel-Akku mit 120 Volt und 20 kWh Kapazität. Schon damals schaffte der BMW eine Reichweite von bis zu 200 km. Wenn der Akku leer war, dauerte der Ladevorgang etwa 6–8 Stunden an der Steckdose. Der BMW E1 konnte schon damals rekuperieren.

VW Golf CitySTROMer (1992–1996)

Auch Volkswagen baute einen Golf als Elektroversion. Von diesem wurden allerdings aufgrund schlechter Effizienz nur 120 Stück hergestellt. Man bescheinigte dem Fahrzeug einen Gesamtwirkungsgrad von 86 % kinetischer Energie. Der Verbrauch belief sich auf etwa 17,3 kWh/100 km bis zu 25 kWh/100 km. Ausgestattet war der Golf mit einem Blei-Gel-Akku und einem Elektromotor mit 20 kW. Mit ihm konnte eine Höchstgeschwindigkeit von 100 km/h erreicht werden, die Beschleunigung wurde mit 13 Sekunden von 0–50 km/h angegeben. Die Reichweite betrug laut Werksangabe 50 bis 80 km.

General Motors EV_1 (1996–1999)

Der EV_1 mit Vorderradantrieb wurde von General Motors in Serie gebaut, konnte aber nur geleast werden. Die Höchstgeschwindigkeit betrug 129 km/h, die Beschleunigung von 0–100 km/h lag bei unter 9 Sekunden. Die Reichweite belief sich auf maximal 225 km.

Die erste EV_1-Generation fuhr mit einem Blei-Akku, der eine Kapazität von 16,5 kWh besaß, etwa 113 km weit. Die nächste, weiter entwickelte Generation nutzte einen Nickel-Metallhybrid-Akku, mit dem der EV_1 eine Reichweite von 225 km erlangte. Das Aufladen des Akkus erfolgte damals schon kontaktlos durch Induktion. Mit etwa 6,6 kW Ladeleistung war der Akku in rund 3 Stunden wieder voll.

Mit dem niedrigsten Strömungswiderstandskoeffizienten (cw-Wert), der sich auf 0,195 belief, war der EV_1 damals eines der windschnittigsten in Serie gebauten Fahrzeuge (und ist es noch).

Nach Ablauf der Leasingverträge entschloss sich GM dazu, die Fahrzeuge zu verschrotten. Dies war angeblich notwendig, weil die langfristige Sicherheit aufgrund fehlender Ersatzteilproduktion nicht gewährleistet war. Von vielen wird diese Begründung allerdings kritisch gesehen. Auch der im Jahr 2006 erschienene Dokumentarfilm »Warum das E-Auto sterben musste« (*vimeo.com/281506059*) zieht diese Erklärung in Zweifel.

Mercedes Benz A-Class electric (1997)

Daimler entwickelte die A-Class electric 1997 zur Serienreife. Zum Einsatz kam eine sogenannte »ZEBRA-Batterie« (engl. für »Zero Emission Battery Research Activities«). Diese Batterie war ein Natrium-Nickelchlorid-Akku. Der Akku wies eine Kapazität von 30 kWh auf und sorgte für 200 km Reichweite. Leider wurde jene Elektroversion der A-Klasse in Deutschland nie auf den Markt gebracht – hierzulande gab es sie nur als Verbrenner. Da aber in der »Verbrenner-Variante« der Akku im Unterboden fehlte, verlor die A-Klasse ihren niedrigen Schwerpunkt und fiel bei schnellen Ausweichmanövern (dem berühmten »Elchtest«) einfach um.

Tesla sorgt für den Durchbruch der Elektromobilität

Mit Tesla, einer Firma, die sich zu jener Zeit auf E-Autos, Stromspeicher und Photovoltaikanlagen spezialisiert hatte, änderte sich die Marktsituation drastisch. Tesla brachte im Jahr 2008 mit dem Tesla Roadster ein reines E-Auto in Serie. Zeitgleich baute der Konzern ein eigenes Ladenetz mit Schnellladestationen für seine Fahrzeuge auf. Das machte die Fahrzeuge langstreckentauglicher. 2012 folgte eine rein elektrische Oberklasse-Limousine, das Tesla Model S. Im Jahr 2015 führte Tesla das Model X, ein Oberklasse-SUV ein. Im Jahr 2017 kam schließlich mit dem Model 3 das erste Mittelklasse-Fahrzeug auf den Markt.

Der Tesla Roadster war mit einem Lithium-Ionen-Akku ausgestattet und wies eine Akkukapazität von 56 kWh auf. Der Elektromotor verfügte über eine Leistung von 215–225 kW. Mit einem Leergewicht von nur etwa 1.240 kg war die Beschleunigung des Elektromotors entsprechend brachial: Das Fahrzeug erreichte die 100 km/h in nur etwa 3,7 Sekunden.

Tesla konnte mit der Einführung des Model S im Jahr 2012 den konventionellen Herstellern zeigen, dass E-Autos ebenso ästhetisch, agil, schnell und eine ansprechende Reichweite haben können. Die Einführung des Model 3 erschütterte den Mobilmarkt nochmals, und die konventionellen Automobilkonzerne sprangen auf den Zug auf.

7 WIE FUNKTIONIERT EIN ELEKTROMOTOR?

Die Funktionsweise eines Elektromotors ist nicht so komplex wie die eines Verbrennungsmotors. Gleichwohl werde ich in diesem Kapitel nicht allzu sehr ins Detail gehen. Vorab sollen die wichtigsten Begrifflichkeiten und Gesetzmäßigkeiten erläutert werden.

7.1 FUNKTION VON MAGNETEN

Zwei Magnete können sich anziehen oder abstoßen. Gleiche Pole stoßen sich ab, ungleiche Pole ziehen sich an.

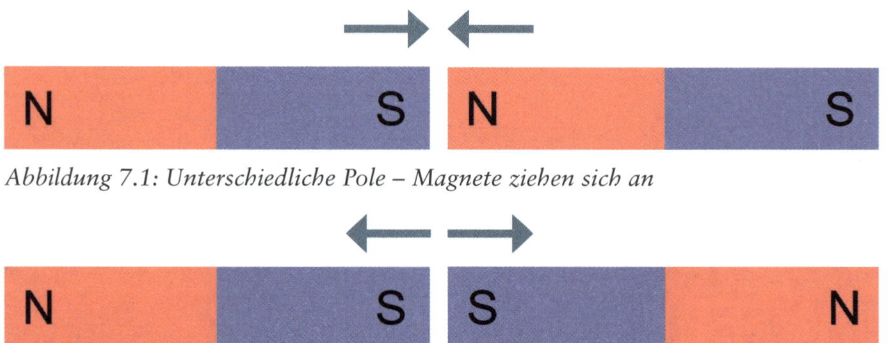

Abbildung 7.1: Unterschiedliche Pole – Magnete ziehen sich an

Abbildung 7.2: Gleiche Pole – Magnete stoßen sich ab

7.2 WIE IST EIN ELEKTROMOTOR AUFGEBAUT?

Natürlich gibt es auch bei Elektromotoren bautechnische Varianten, dennoch ist das Grundgerüst zumeist identisch.

Der Stator

Der Stator ist, zusammen mit dem Rotor, eines der zentralen Bauteile des Elektromotors. Wie der Name bereits vermuten lässt, ist dies ein unbewegliches Bauteil, das fest mit dem Motorgehäuse verbunden ist. Der Stator ist ein Feldmagnet, der durch Gleichstrom ein konstantes Magnetfeld erzeugt, und besitzt zwei magnetische Pole.

Abbildung 7.3: Stator im Gehäuse eines Elektromotors (Quelle: Wikimedia, bit.ly/2OmcMMz)

Rotor

Der Rotor ist der bewegliche Teil des Motors und ebenfalls magnetisch, entweder weil er aus einer Art Welle mit Permanentmagneten oder aus einer Welle mit umwickeltem, lackiertem Kupferdraht besteht (siehe Abbildung 7.4). Bei letzterer Variante fließt durch den Kupferdraht Wechselstrom, der bis zu 50 Mal pro Sekunde die Richtung ändert. Somit wird aus dem Rotor ein Elektromagnet mit wechselnder Polung. Dies erzeugt in Interaktion mit den beiden festen magnetischen Polen des umgebenden Stators abwechselnd eine anziehende und eine abstoßende Kraft, die zu einer Drehbewegung führt und schließlich etwa die Radachse eines Autos antreibt.

Abbildung 7.4: Rotor ohne Kommutator (Quelle: Wikimedia, bit.ly/2PHvEps)

Kommutator

Der Kommutator, auch »Polwechsler« genannt, ist ein segmentierter Ring bzw. eine segmentierte Scheibe und meist am Rotor befestigt. Der Kommutator liefert den Strom für die Kupferdrähte am Rotor, da dieser nicht fest mit dem Stator verdrahtet werden kann. Der Kommutator erhält seinen Strom meist über Graphitbürsten, die am Motorgehäuse befestigt sind.

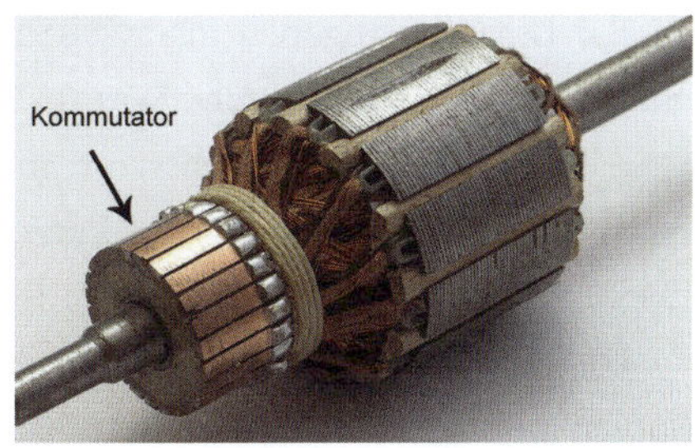

Abbildung 7.5: Rotor mit Kommutator (Quelle: Wikimedia, bit.ly/2OFZiLv)

7.3 WELCHE ARTEN VON ELEKTROMOTOREN GIBT ES?

Grundsätzlich gibt es drei Arten von Elektromotoren, die in der E-Mobilität zum Einsatz kommen.

Zusätzlich wird danach unterschieden, wo sich die Spulenpakete befinden, definiert dies doch die Art der Rotorbezeichnung und Funktionsart.

- Außenläufer: Der Rotor umschließt den Stator und rotiert somit um diesen herum.
- Innenläufer: Der Rotor rotiert als Lagerwelle im Magnetfeld des Stators.

Asynchronmotor (ASM)

Ein Asynchronmotor nutzt Drehstrom. »Drehstrom« ist die Bezeichnung für dreiphasigen Wechselstrom. Dreiphasiger Wechselstrom kann eine größere elektrische Leistung abgeben als zwei- oder gar einphasiger Strom (siehe Seite 102).

Allerdings: Dieser Drehstrom muss bei E-Autos zunächst erzeugt werden, da der Akku mit Gleichstrom geladen ist.

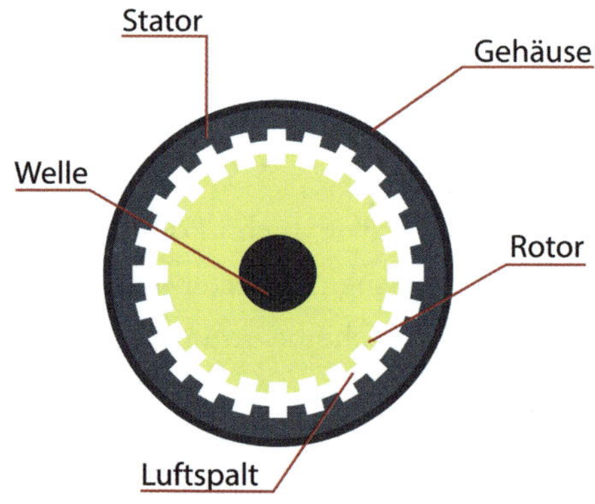

Abbildung 7.6: vereinfachter Querschnitt eines Asynchronmotors

Der Stator ist mit mindestens drei Spulen umwickelt, die 120° schräg zur Rotorachse versetzt sind. Durch diese Spulen fließt phasenverschobener Strom, der so im Stator ein rotierendes Magnetfeld erzeugt. Die Bezeichnung »Asynchronmotor« rührt daher, dass der Rotor nicht die gleiche Drehgeschwindigkeit wie das Magnetfeld im Stator aufweist.

Funktionsprinzip

Ein Drehmoment wird hier nur erzeugt, wenn sich der Rotor langsamer als das Magnetdrehfeld des Stators dreht – also, wenn Sie mit Ihrem Auto Geschwindigkeit aufnehmen. Dreht sich der Rotor schneller als das Magnetdrehfeld des Stators – also, wenn Sie vom Strompedal gehen –, schaltet der Motor in den Generatorbetrieb und erzeugt Strom – er rekuperiert.

Folgende E-Autos besitzen einen Asynchronmotor:

- Audi e-tron
- Tesla Model S
- Tesla Model X

Vorteile	Nachteile
Wartungsarm	hoher Anlaufstrom benötigt
lange Lebensdauer	hohe Verluste im Rotor (Wärme)
geringe Fertigungskosten	keine stabile Drehzahl möglich
keine Bürsten oder Schleifringe nötig	benötigt eine größere Bauform
hohe Drehzahltauglichkeit	geringeres Beschleunigungsvermögen als ein Synchronmotor
hoher Wirkungsgrad > 95 %	

Synchronmotor

Der Synchronmotor wird wie auch der Asynchronmotor mit Dreiphasen-Wechselstrom angetrieben. Allerdings dreht sich hier der Rotor synchron zum Magnetdrehfeld des Stators – daher auch der Name. Das Drehmoment entsteht, sobald der Rotor mit dem Magnetdrehfeld des Stators synchron läuft. Rekuperation entsteht, wenn sich der Rotor langsamer als das Magnetdrehfeld des Stators dreht.

Bei Synchronmotoren unterscheidet man zwei Bauarten:

Permanentmagneterregte Synchronmaschine (PSM)

Man spricht von einer »permanentmagneterregten« Synchronmaschine, weil der Rotor aus Permanentmagneten besteht. Am Stator sind auch hier mindestens drei um 120° zur Rotorachse schräg versetzte Spulen verbaut. Durch den phasenverschobenen Strom, der durch die zur Drehachse versetzten Spulen fließt, kann sich der Rotor drehen. Auch hier gilt: Der Rotor dreht sich synchron zum Magnetdrehfeld des Stators.

Die permanenterregte Synchronmaschine hat einen guten Wirkungsgrad, eine hohe Leistungsdichte und ermöglicht sehr hohe Drehzahlen. Dadurch ist sie in der Elektromobilitätsindustrie sehr beliebt. Leider benötigt der Motor durch die vielen verbauten Permanentmagneten eine größere Menge an seltenen Erden, was die Produktionskosten erhöht.

Folgende Elektrofahrzeuge besitzen eine PSM:

- Porsche Taycan
- VW ID.3

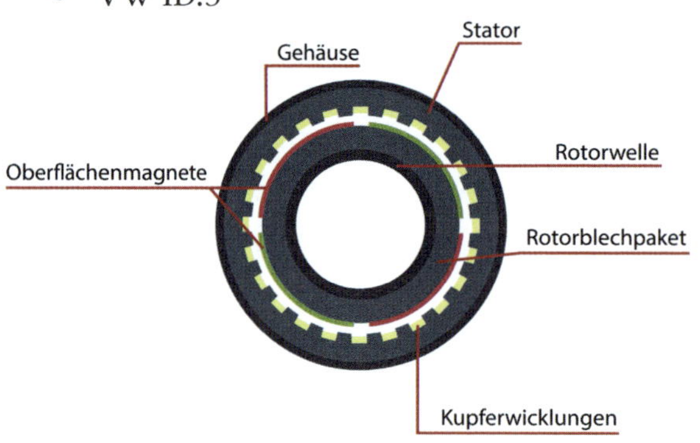

Abbildung 7.7: Vereinfachter Querschnitt eines PSM

Fremderregte Synchronmaschine (FSM)

Im Gegensatz zur permanenterregten sind im Rotor der fremderregten Synchronmaschine keine Permanentmagnete, sondern Kupferwicklungen verbaut – die unter Zugabe von Strom aus dem Rotor einen Elektromagneten machen (daher »fremderregt«). Auch hier besitzt der Stator mindestens drei um 120° zur Rotorachse schräg versetzte Spulen, die durch den phasenverschobenen Strom ein Magnetdrehfeld erzeugen. Die Stromversorgung des Rotors erfolgt über den Kommutator oder induktiv (ähnlich dem kabellosen Laden eines Smartphones).

Folgende Elektrofahrzeuge besitzen eine fremderregte Synchronmaschine:

- BMW iX3
- Renault ZOE
- Smart EQ

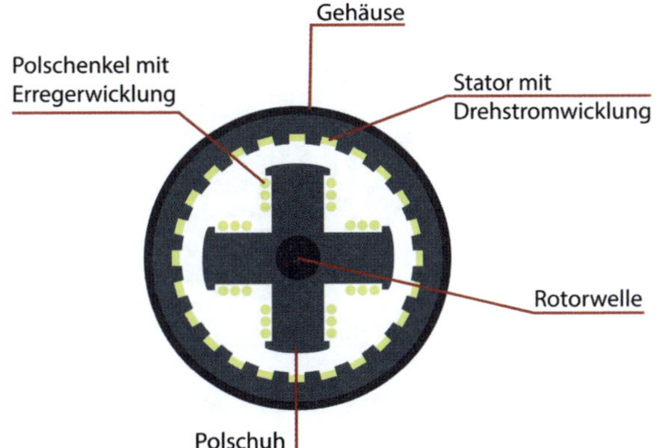

Abbildung 7.8: Vereinfachter Querschnitt eines FSM

Vorteile	Nachteile
Da keine Permanentmagnete benötigt werden, hat die FSM einen guten Wirkungsgrad, eine gute Leistungsdichte und niedrigere Produktionskosten als die PSM. Außerdem ist sie wartungsarm.	Benötigt hohen Anlaufstrom
lange Lebensdauer	höhere Fertigungskosten als ein Asynchronmotor
kompaktere Bauweise möglich	PSM hat höhere Fertigungskosten als eine FSM
keine Bürsten oder Schleifringe nötig	
stabile Drehzahl	

→

Vorteile	Nachteile
sehr hohe Drehzahltauglichkeit	
effizienter als Asynchronmotoren	
FSM hat geringere Fertigungskosten	

Reluktanzmotor

Der Reluktanzmotor ähnelt dem oben beschriebenen Synchronmotor – mit dem Unterschied, dass weniger Permanentmagnete verbaut sind. Seine Funktionsweise stellt sich relativ komplex dar. Ich versuche dennoch, sie Ihnen möglichst einfach zu erklären.

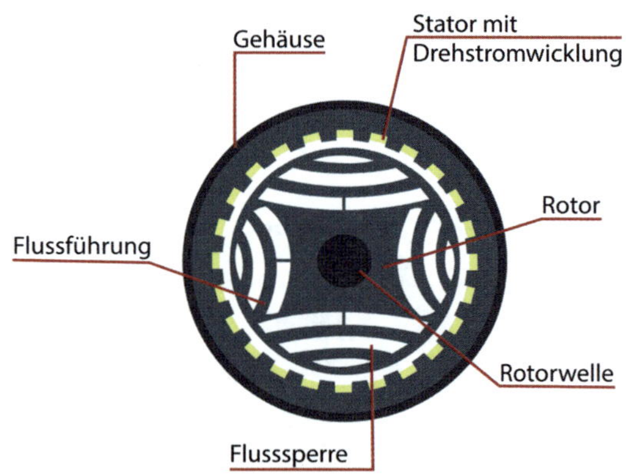

Abbildung 7.9: Vereinfachter Querschnitt eines Reluktanzmotors

Zu Beginn stehen die beiden Begriffe »Reluktanzkraft« sowie »Lorentzkraft«.

»Reluktanz« bezeichnet magnetischen Widerstand. Reluktanzkraft entsteht durch eine Änderung des magnetischen Widerstandes. »Lorentzkraft« ist die Kraft, die ein stromdurchflossener Leiter (bspw. ein Kupferkabel) in einem Magnetfeld erfährt und durch die er in eine bestimmte Richtung gezogen wird. Im Grunde kennen Sie diesen Effekt schon aus den obigen Beschreibungen des Asynchron- und Synchronmotors, deren Drehmoment aus der Lorentzkraft resultiert. Beim Reluktanzmotor hingegen wird das Drehmoment durch Reluktanzkraft erzeugt, die aus den Vorzugsrichtungen des Magnetfeldes hervorgeht.

Beginnen wir mit dem Aufbau des Stators: Der Stator ist aufgebaut wie bei einem Synchronmotor – auch hier erzeugen die Spulen durch den phasenverschobenen Strom ein Magnetdrehfeld.

Der Rotor besteht aus einem weichmagnetischen Material und hat speziell geformte Ausschnitte (siehe in Abbildung 7.9 die weißen gebogenen Linien in der

Rotorfläche). In diesen Ausschnitten sind teilweise Permanentmagnete verbaut. Rotiert nun der Rotor innerhalb des vom Stator erzeugten Magnetdrehfeldes, ändert sich der magnetische Widerstand, und die Reluktanzkraft kommt ins Spiel. So hat der Rotor einen sehr hohen magnetischen Widerstand in der Position 1 (siehe Abbildung 7.10), der, sobald der Rotor um 45° gedreht wird wie in Position 2 (Abbildung 7.11), wiederum sehr niedrig ausfällt.

Physikalisch strebt der Rotor stets einen niedrigen magnetischen Widerstand an. Daher rotiert er auch, sobald sich das Magnetfeld im Stator dreht. Und weil er dabei immer die gleiche Geschwindigkeit wie das sich drehende Magnetfeld des Stators hat, nennt man diesen Motor »Synchron-Reluktanzmotor«. Die Abbildungen 7.10 und 7.11 sind einem YouTube-Video entnommen, das ich Ihnen zum besseren Verständnis empfehle: *bit.ly/2PvOQIR*.

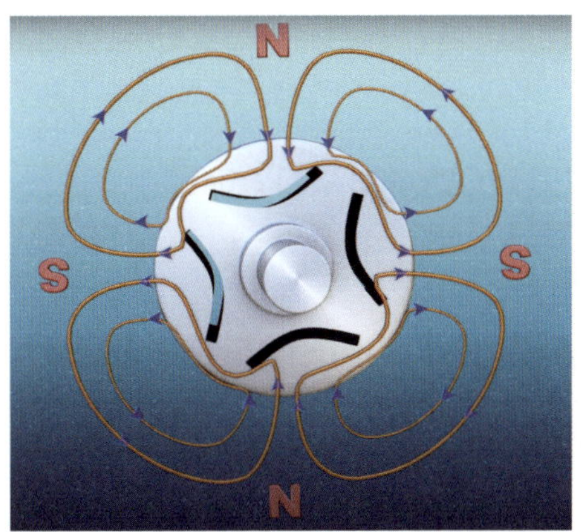

Abbildung 7.10: Position 1 – hoher magnetischer Widerstand (Quelle für beide Abbildungen: bit.ly/2PvOQIR)

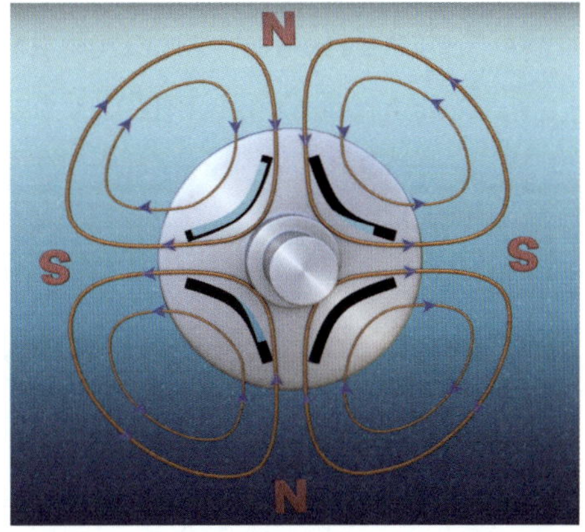

Abbildung 7.11: Position 2 – der Rotor hat sich um 45° gedreht. Sehr niedriger magnetischer Widerstand

Vorteile	Nachteile
wartungsarm	pulsierendes Drehmoment
lange Lebensdauer	zusätzliche Lagerbelastung durch pulsierendes Drehmoment
kompaktere Bauweise möglich	vergleichsweise hohe Geräuschentwicklung

→

Vorteile	Nachteile
keine Bürsten oder Schleifringe nötig	
größerer Drehzahlbereich als beim Synchronmotor	
effizienter als Asynchronmotoren	
keine Stromwärmeverluste	
effizienter als Synchronmotoren	

Folgende Elektrofahrzeuge besitzen diesen Reluktanzmotor (Stand Mai 2020):

- BMW i3 (hybriderregter Synchronmotor)
- Tesla Model 3
- Tesla Model S (ab BJ 2020 – Raven)
- Tesla Model X (ab BJ 2020 – Raven)
- Tesla Model Y (voraussichtlich ab 2021 in Deutschland erhältlich)

7.4 WELCHE ANTRIEBSKOMBINATIONEN GIBT ES?

Wie auch bei Verbrennern gibt es bei E-Autos Vorder-, Hinter- und Allradantrieb. In diesem Abschnitt gebe ich Ihnen einen Überblick über die verschiedenen Antriebskombinationen samt ihren Vor- und Nachteilen.

Vorderradantrieb (FWD – Front-Wheel-Drive)

Wie auch beim herkömmlichen Verbrennungsmotor sitzt der Elektromotor an der Vorderachse des Fahrzeugs.

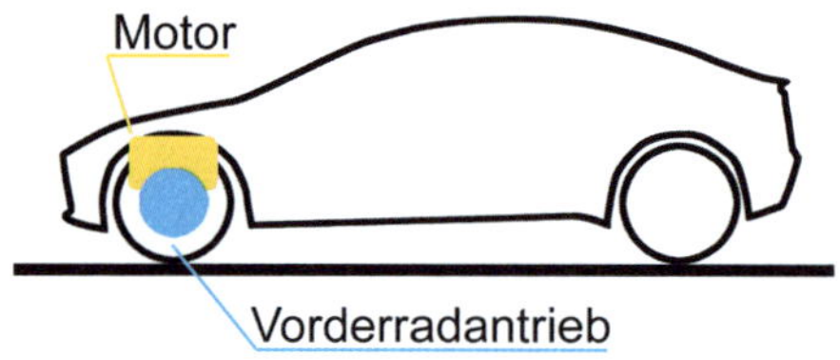

Abbildung 7.12: Frontantrieb

Vorteile	Nachteile	Beispiele für Fahrzeugmodelle
Ist in Deutschland die verbreitetste Antriebsart, und man kennt sich bereits mit dem Fahrverhalten aus.	Das Fahrzeug kann, wenn die Kurve zu schnell und eng genommen wird, über diese hinausgetragen werden – es untersteuert. In einer Rechtskurve könnte es etwa in die Gegenspur rutschen. Dieses Verhalten ist etwas berechenbarer als das Übersteuern.	• Renault ZOE • Hyundai Kona Elektro • VW e-Golf • Hyundai IONIQ • Mini electric • Nissan Leaf

Heckantrieb (RWD – Rear-Wheel-Drive)

Entgegen dem herkömmlichen Verbrennungsmotor sitzt der Elektromotor an der Hinterachse des Fahrzeugs.

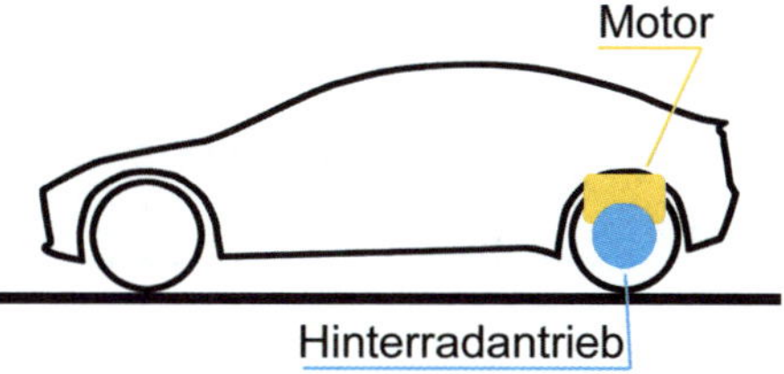

Abbildung 7.13: Heckantrieb

Vorteile	Nachteile	Beispiele für Fahrzeugmodelle
Man hat das Gefühl von etwas mehr Fahrdynamik und kann mit der »Gas-Annahme« des Strompedals in Kurven etwas mehr spielen.	Das Fahrzeug neigt in der Kurve zum Übersteuern, d. h. das Heck des Fahrzeuges bricht aus. Allerdings kann der Elektromotor beim so entstehenden Traktionsverlust die Antriebsleistung wesentlich präziser und schneller herunterregeln als ein Verbrennungsmotor.	• VW ID.3 • Tesla Model 3 Standard Plus • BMW i3 • Honda e

Allradantrieb (AWD – All-Wheel-Drive)

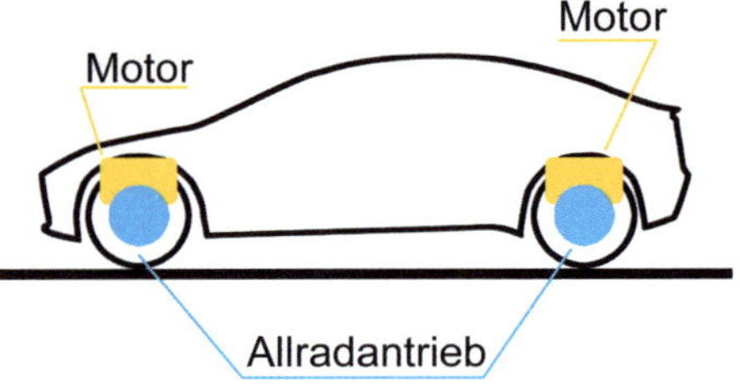

Abbildung 7.14: Allradantrieb

Bei den meisten Verbrennern mit Allradantrieb sitzt der Motor vorne. Eine Kardanwelle leitet die Kraft zusätzlich über Getriebe und Differentiale an die Hinterreifen weiter.

Bei einem E-Auto mit Allradantrieb fehlen diese mechanischen Bauteile komplett. Das Gefährt hat ganz einfach zwei Motoren: jeweils einen an der Vorder- und Hinterachse. Daher können die einzelnen Motoren das Drehmoment unabhängig voneinander steuern und regulieren.

Vorteile	Nachteile	Beispiele für Fahrzeugmodelle
Wenn es um Traktion geht, ist der Allradantrieb der König unter den Antriebsarten. Gerade Elektromotoren können dank der fehlenden mechanischen Bauteile die Kraft viel feiner auf die Straße bringen als Verbrennungsmotoren.	Als einzigen Nachteil könnte man den erhöhten Stromverbrauch durch den Betrieb von zwei Elektromotoren anführen. Bei einer ausgefeilten Antriebstechnik wird allerdings jeweils ein Elektromotor im Langstreckenbetrieb ausgeschaltet, was den erhöhten Stromverbrauch aufhebt.	• Tesla Model 3: Performance, Long Range • Tesla Model S • Tesla Model X • Polestar 2 • Audi e-tron • Porsche Taycan • Ford Mustang Mach-E

8 WIE FUNKTIONIERT EIN AKKU?

8.1 GRUNDWISSEN: STROM

Bevor ich Ihnen erklären kann, wie der Akku eines E-Autos funktioniert, sollten Sie ein paar grundlegende Begrifflichkeiten kennen. Ich beginne dieses Kapitel also mit ein paar terminologischen Erläuterungen. Sollten Sie sich bereits auskennen, überspringen Sie bitte diese Rubrik und lesen Sie im Abschnitt »Wie ist eine Akkuzelle aufgebaut?« auf Seite 91 weiter.

Die **elektrische Ladung** gibt an, wie groß der Elektronenüberschuss und der Elektronenmangel eines chemischen Elementes ist. Ein Wasserstoffatom hat beispielsweise ein positiv geladenes Proton und ein negativ geladenes Elektron.

Negative Ladung gibt den Elektronenüberschuss an. In unserem Beispiel hat das Wasserstoffatom ein Elektron zuviel.

Positive Ladung gibt den Elektronenmangel an. In unserem Beispiel fehlt dem Wasserstoffatom ein Elektron.

Strom ist uns aus dem Alltag bekannt, wir stecken einen üblichen Stecker (Schuko-Stecker) in die Haushaltssteckdose, und es fließt Strom. Mit Strom im physikalischen Sinne ist der Transport von elektrischen Teilchen gemeint. Die Stromstärke wird in **Ampere** (A) angegeben, zum Beispiel 16 A.

Spannung ist nötig, um die erwähnten elektrischen Teilchen in Bewegung zu setzen, so dass diese auch im Gerät ankommen, das an den Strom angeschlossen ist. Spannung wird in **Volt** (V) angegeben, zum Beispiel 230 V.

Der **Widerstand** gibt an, welche Spannung (V) notwendig ist, um eine Stromstärke (A) durch eine Leitung fließen zu lassen. Er wird in **Ohm** (Ω) notiert.

Mit der Einheit **Watt** (W) wird die elektrische Leistung angegeben. Sie wird durch die Multiplikation von Spannung (V) und Stromstärke (A) ermittelt. In unserem Beispiel 230 V × 16 A = 3.680 W.

Kilowatt (kW) ist die nächst größere Einheit von Watt (W). Wir kennen aus dem Haushalt z.B. die Angabe 500 g (Gramm) Mehl, die umgerechnet in Kilogramm 0,5 kg beträgt. Wollen Sie die oben genannte Watt-Leistung in kW umrechnen, teilen Sie den Wert schlicht durch 1.000. In unserem Fall werden aus den 3.680 W dann 3,68 kW.

Die **Wattstunde** (Wh) ist eine Maßeinheit für Energie, die angibt, welche elektrische Leistung in einer Stunde aufgenommen oder abgegeben wird. Um mit den bereits ermittelten Werten weiter rechen zu können, denken Sie an einen

Flutlichtscheinwerfer, der eine Stunde lang mit 3.680 Watt brennt. Er verbraucht 3.680 Wattstunden (Wh).

Die **Kilowattstunde** (kWh) ist genauso wie die Wattstunde eine Maßeinheit, mit der Verbrauch und Leistung angegeben wird. Sie rechnen hier analog zu Watt/Kilowatt. Der Flutscheinwerfer im obigen Beispiel verbraucht also 3,68 kWh.

Die **Kilowattstunde pro 100 km** (kWh/100 km) wird in der Elektromobilität als Verbrauchsangabe genutzt – analog zum Spritverbrauch bei Verbrennern mit l/100 km. Beim E-Auto heißt es schlicht »Kilowattstunde pro 100 km« (kWh/100 km). Einige Hersteller von E-Autos weisen Wh/100 km aus, z. B. 16.800 Wh/100 km. Teilen Sie solche Werte einfach durch 1000, oder verschieben Sie das Komma um drei Stellen nach links: 16,8 kWh/100 km.

Als »**Phase**« bezeichnet man einen Leiter, der den Strom zum Verbraucher führt. Im Haushalt wird der Strom mittels drei Phasen und einer Spannung von 230 V geliefert.

Der **Akku** eines E-Autos lässt sich am ehesten mit dem Tank des herkömmlichen Verbrenners vergleichen. Wie auch der Tank kann ein Akku unterschiedliche Kapazitäten aufweisen, die in Kilowattstunden (kWh) angegeben werden. Von der Kapazität des Akkus hängt oft die mögliche Reichweite ab. Die Reichweite ist allerdings nicht der alleinige Aspekt, den man bei Akkus beachten sollte – so kommt etwa die mögliche Ladegeschwindigkeit hinzu.

Aktuell haben einige E-Autos mit einer Akkuladung eine maximale Reichweite von bis zu 605 km. Dieser Wert wird sich in Zukunft wahrscheinlich noch weiter erhöhen. Die Akkus werden leichter, kleiner und können künftig mehr Energie enthalten (siehe den Abschnitt »Ausblick: Feststoffakku« auf Seite 99).

Nachfolgend möchte ich Ihnen grob den Aufbau eines Lithium-Ionen-Akkus erklären.

Wie ist eine Akkuzelle aufgebaut?

Man sollte sich einen Akku nicht als einen festen quaderförmigen Körper vorstellen, sondern als einen Block, der aus tausenden einzelnen Zellen besteht. Jede dieser Zellen besitzt zwei Elektroden, (Anode = Pluspol und Kathode = Minuspol), die sich in einem Elektrolyten (leitendes Medium) befinden. Der Elektrolyt muss nicht flüssig sein, sondern kann auch eine feste oder auch gel-artige Konsistenz haben. Die Anode und Kathode werden durch einen Separator getrennt. Gäbe es diesen Separator nicht, würde ein Kurzschluss entstehen.

Diese Anordnung sitzt in einem Zellgefäß, das durch einen Zelldeckel abgeschlossen wird. Äußerlich ähnelt eine Akkuzelle von Tesla sehr stark einer herkömmlichen Batterie.

Übrigens

Zellgehäuse sind üblicherweise (etwa bei Tesla, Samsung und LG) mit fünf Ziffern gekennzeichnet. Das ermöglicht einen einfachen Austausch der Zelle. Die ersten beiden Ziffern geben den Durchmesser in Millimeter an, die dritte und vierte Ziffer die Länge in Millimeter. Die Fünfte ist in der Regel immer eine 0. Nachfolgend ein Beispiel:

Zellbezeichnung	Abmessungen (Ø × L in mm)
21700	Ø 21 mm × 70 mm

Vorteil der zylindrischen Zelle ist, dass der Akku damit besser temperiert werden kann, wenn man durch die entstehenden Zwischenräume Kühlflüssigkeit zirkulieren lässt. Allerdings verwenden die meisten Hersteller eine rechteckige Zellgeometrie. Eine detaillierte Untersuchung verschiedener Zellformate finden Sie unter *bit.ly/2OCcl08*.

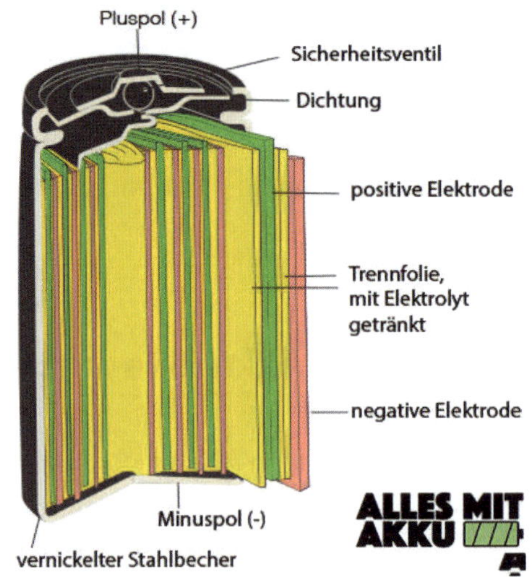

Abbildung 8.1: Aufbau einer Lithium-Ionen-Akkuzelle (mit freundlicher Genehmigung von WeDoPublishing UG)

Wie funktioniert eine Akkuzelle?

Energien streben danach, sich auszugleichen. Im Falle des Akkus bedeutet das Folgendes: Ist an der Kathode ein Überschuss von Elektronen vorhanden, möchten die Elektronen dorthin wandern, wo es zu wenige Elektronen gibt, zur Anode also. Diese Elektronendifferenz beschreibt die Spannung.

Wird ein Verbraucher eingeschaltet, wandern die überschüssigen Elektronen von der Kathode zur Anode. Somit fließt Strom. Durch das Wandern der Elektronen zwischen den Elektroden entstehen Ladungsunterschiede. Diese Ladungsunterschiede werden durch Lithium-Ionen ausgeglichen. Der Elektrolyt ermöglicht das Wandern der Lithium-Ionen innerhalb der Zelle. In einer Lithium-Ionen-Zelle können die Lithium-Ionen als einzige den Separator durchdringen.

Wird der Akku geladen, dreht sich das Funktionsprinzip des eingeschalteten Verbrauchers um. Der Ladestrom lässt die Elektronen und Ionen von der Anode wieder zurück zur Kathode wandern.

Hinweis

Jeder Lade- und Entladevorgang reduziert die Akkukapazität minimal, aber kontinuierlich.

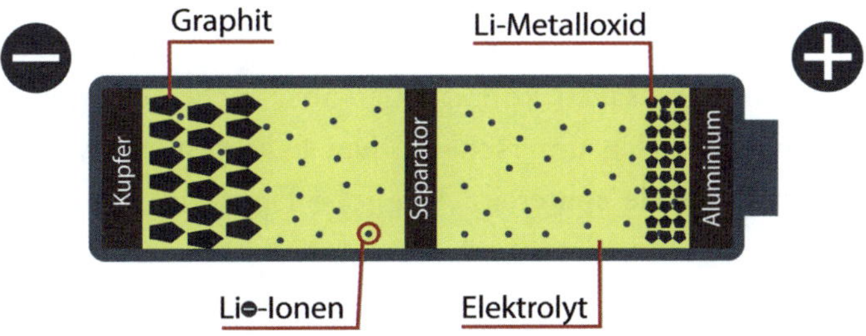

Abbildung 8.2: Funktionsschema einer Lithium-Ionen-Akkuzelle

Der in Abbildung 8.2 illustrierte Aufbau ist nur eine sehr vereinfachte schematische Darstellung zur Verdeutlichung der Funktionsweise einer Akkuzelle. Ihr tatsächlicher Aufbau ist deutlich platzsparender als in der obigen Skizze – und macht sie um Größenordnungen leistungsfähiger. So stellt man das Kupfer (Kathode), das Elektrolyt, den Separator sowie das Aluminium (Anode) in Bahnen her, die anschließend miteinander verklebt und um den Kern der Zelle gewickelt werden. Die verklebten Bahnen bilden somit mehrere Lagen (siehe Abbildung 8.1).

8.2 AKKU-MODULE UND AKKU-PAKETE

Der Akku eines E-Autos besteht aus mehreren tausend Lithium-Ionen-Zellen, die zu sogenannten »Akku-Modulen« zusammengeschaltet sind.

Mehrere dieser Akku-Module sind innerhalb eines verstärkten Rahmens mit Unterboden und Deckel verbaut. Diese gesamte Einheit nennt man »Akkupaket« (eine anschauliche Bilderserie finden Sie unter *bit.ly/3l4yil2*). Die Akku-Module innerhalb des Akkupaketes sind unterschiedlich miteinander verschaltet, wodurch die gewünschte Akkukapazität und -spannung erreicht werden.

Wenn das Akkupaket eines Teslas 17 solcher Akku-Module mit einer Kapazität von je 5,3 kWh besitzt, hat das gesamte Akkupaket eine Kapazität von 90 kWh.

8.3 WAS SAGT DIE GRÖSSE DES AKKUS AUS?

Anhand der Kapazität des Akkus lässt sich die Reichweite des E-Autos abschätzen. Allgemeingültige Aussagen können hier aber nicht getroffen werden. Die Reichweite hängt von vielen unterschiedlichen Faktoren ab. Welche davon bedeutsam sind, erfahren Sie später im Kapitel »Tipps zur Reichweitenoptimierung« ab Seite 205.

8.4 LADEGESCHWINDIGKEITEN

Um die Ladegeschwindigkeiten unterschiedlich großer Akkus miteinander vergleichen zu können, gibt es den sogenannten »C-Koeffizienten«. Dieser setzt die maximale Kapazität eines Akkus in Beziehung zu seinem Lade- und Entladestrom. Ein Koeffizient von 1C bedeutet, dass der Akku innerhalb von einer Stunde komplett ge- oder entladen ist. 2C besagt, dass das Laden oder Entladen nur eine halbe Stunde benötigt. Bei 0,5C nimmt beides zwei Stunden in Anspruch.

Leider lädt ein Akku aber nicht mit gleichbleibender Geschwindigkeit. Stellen Sie sich den Ladevorgang dazu vereinfacht wie folgt vor:

Ein leeres Glas symbolisiert unseren leeren Akku. In dieses Glas möchten wir nun Wasser (Strom) gießen. Am Anfang können wir das Glas schnell befüllen (hohe Ladegeschwindigkeit). Je näher jedoch der Wasserspiegel dem oberen Rand kommt, desto langsamer müssen wir gießen, um ein Überlaufen zu vermeiden (langsame Ladegeschwindigkeit).

In der Ladepraxis werden Sie zwischen 10 % und 60 % Akkustand die größtmögliche Ladegeschwindigkeit erhalten. Ein zügiges Laden zwischen 60 % und 80 % ist auch noch möglich. Ab etwa 90 % aber verlangsamt sich der Prozess, beginnt doch der Akku ab diesem Zeitpunkt das sogenannte »Balancing« der einzelnen Zellen (siehe den folgenden Abschnitt zu »Balancing«). Daher dauern die letzten Prozent Akku-Ladung auch am längsten.

Die Ladegeschwindigkeit eines E-Autos wird durch seine »Ladekurve« visualisiert. Mehr dazu finden Sie im gleichnamigen Abschnitt auf Seite 191.

8.5 BALANCING

In der Theorie sind die einzelnen Akkuzellen alle gleich. In der Praxis stellt sich das leider anders dar. So weisen Zellen durch Fertigungstoleranzen oder chemische Effekte unterschiedliche Kapazitäten auf. Diese Abweichung wird »Zellendrift« genannt. Mit jedem Ladevorgang nimmt die Zellendrift zu, was die nutzbare Gesamtkapazität des Akkus auf Dauer reduziert (siehe den Abschnitt »Akku-Alterung (Degradation)« auf Seite 99). Um die schwächeren Zellen zu reaktivieren, findet ein Spannungsausgleich zwischen allen Zellen statt: das Balancing. Dies ist ein Teil der Aufgaben des Battery-Management-Systems (BMS).

Das Balancing beginnt automatisch, wenn die Zellendrift einen bestimmten Wert überschreitet. Der Vorgang startet entweder nach einem Ladevorgang, sofern man den Stecker nicht sofort von der Ladesäule entfernt, oder während des Ladens unmittelbar vor einem Ladestand von 100 %.

Durch das Balancing werden die schwächeren Zellen zwar nicht leistungsfähiger, aber sie können zumindest weiterhin optimal genutzt werden.

Es gibt zwei Arten von Balancing, die ich Ihnen kurz vorstellen möchte, ohne technisch allzu sehr ins Detail zu gehen.

- **Passives Balancing**
  Beim passiven Balancing wird der Strom von vollen Zellen abgeleitet und in Abwärme umgewandelt. So können die schwächeren Zellen weiter geladen werden. Es entstehen logischerweise Energieverluste. Diese belaufen sich auf ca. 0,5 % je Vollladung.

- **Aktives Balancing**
  Beim aktiven Balancing wird der Strom von bereits vollen Zellen zu den schwächeren so lange umgeleitet, bis alle einen gleichmäßigen Ladestand erreicht haben. Dies vermeidet Energieverluste und unnötige Abwärme.

Unterm Strich müssen Sie sich keine Gedanken über das Balancing machen. Das Battery-Management-System Ihres E-Autos verhindert zuverlässig eine Über- oder Tiefenentladung einzelner Zellen und gleicht diese über automatisierte Balancing-Durchläufe aneinander an.

8.6 AKKU-THERMOMANAGEMENT

Der Akku bzw. seine einzelnen Zellen haben aufgrund ihrer chemisch-physikalischen Gesetzmäßigkeiten eine gewisse Wohlfühltemperatur. Diese liegt zwischen 15 °C und 25 °C. Je kälter es wird, desto träger werden die Ionen in den Zellen. Wenn es den Zellen zu kalt wird, kann der Akku sogar die Abgabe oder Aufnahme von Strom verweigern.

Extreme Kälte oder Hitze kann sowohl die Leistung als auch die Lebensdauer eines Akkus verringern. Daher nutzen viele Hersteller eine Temperaturüberwachung (Thermomanagement). Dieses System überwacht die Temperatur des Akkus und regelt sie mit Maßnahmen wie Aufwärmen oder Kühlung.

Passive Kühlung

Wie die Bezeichnung vermuten lässt, wird zur Kühlung des Akkus keine Energie aufgewendet, sondern nur versucht, ihn mithilfe des Fahrtwindes zu kühlen – oder der Akku kühlt bei stehendem Fahrzeug von alleine aus.

Vorteile	Nachteile
Kein zusätzlicher Energieaufwand zum Temperieren des Akkus.	Hohe Wärmeentwicklung im Akku auf größeren Strecken.
Günstiger in der Produktion als eine aktive Kühlung.	Ladegeschwindigkeit wird gedrosselt (falls Zellen zu warm bzw. zu kalt).
Weniger verbaute Teile, daher weniger reparaturanfällig.	Kein aktives Vorwärmen des Akkus möglich, um hohe Ladeleistungen an Schnellladesäulen (ohne vorheriges Warmfahren des Akkus) zu ermöglichen.

Aktive Kühlung/Heizung

Zum aktiven Kühlen oder Aufwärmen des Akkus mit Luft oder Flüssigkeit wird Energie aus dem Akku entnommen. Bei niedrigen Temperaturen – etwa unterhalb von 5 °C – schaltet sich die Batterieheizung ein, um die Zellen auf »Wohlfühltemperatur« zu halten. Es gibt zwei Arten von aktiver Kühlung/Heizung:

Lufttemperierung

Anders als bei der passiven Kühlung wird die Luft mittels Lüfter bewegt. Als Batterieheizung kommt entweder die erwärmte Kabinenluft oder ein PTC-Heizelement (»Positive Temperature Coefficient«) zum Einsatz. Diese PTC-Heizelemente haben einen Wirkungsgrad von ca. 90 % und sind somit relativ effizient.

Flüssig-Luft-Temperierung

Flüssigkeit vermag nicht nur mehr Energie zu speichern als Luft, sondern sie kann sie auch besser leiten. Akkus mit Flüssigkeit zu temperieren liegt also nahe. Die Kühlung der Flüssigkeit erfolgt über einen Wärmetauscher mittels Luft, die angesaugt wird oder ihn umströmt. Die Erwärmung der Flüssigkeit übernimmt ein Thermoelement. Der Aufbau einer Flüssig-Luft-Temperierung ist durchaus komplex – dazu gehören Pumpen, Wärmetauscher, Ventilatoren, Ventile, Thermostate und natürlich Flüssigkeiten.

Beispielsweise werden die Rundzellen von einem Tesla Model S, 3, X oder Y aktiv mit einer Flüssigkeit gekühlt.

Vorteile	Nachteile
Im Sommer: Temperierte Zellen für optimale Stromabgabe	Komplexerer Fertigungsaufwand der Akkus
Auch bei kühleren Temperaturen ist eine gute Stromabgabe durch aktives Erwärmen des Akkus möglich.	Reparaturanfälliger
Ladeleistung wird nicht durch zu warme oder zu kalte Akkuzellen gedrosselt.	Zusätzlicher Stromverbrauch
Aktives Erwärmen der Zellen ermöglicht auch nach kurzen Strecken hohe Ladegeschwindigkeiten.	

8.7 AKKU-ALTERUNG (DEGRADATION)

Akku-Alterung, auch »Degradation« genannt, ist ein chemischer Vorgang innerhalb der Akkuchemie, der zu einer Reduzierung der nutzbaren Kapazität führt. Das Phänomen kennen Sie aus dem Alltag: Smartphone oder Tablet müssen mit der Zeit immer öfter zum Aufladen an die Steckdose, parallel dazu sinken auch die Ladezeiten.

Im Falle Ihres E-Autos reduziert sich die Ihnen zur Verfügung stehende Reichweite mit jedem vollständigen Lade- und Entladevorgang, auch »Ladezyklus« genannt (also immer, wenn Sie von 0 % auf 100 % laden bzw. den Akku wieder auf knapp 0 % herunterfahren).

In der Regel macht der Akku eines E-Autos ca. 1.500 bis 2.500 Ladezyklen mit. Das ergibt in etwa eine Lebensdauer von bis zu 10 Jahren, wobei diese Akkus danach kein Sondermüll sind. Meist weisen sie noch eine nutzbare Kapazität von ca. 70 % auf. Man kann also trotzdem noch damit fahren oder sie für andere Zwecke nutzen (siehe den Abschnitt »Wohin mit den alten Akkus?« auf Seite 36).

Gehen wir von einem 70 kWh-Akku und einem Durchschnittsverbrauch von 18 kWh/100km aus. Dann entspräche ein Ladezyklus einer Laufleistung von 388 km. Wenn wir nun die mittlere Lebensdauer von 2.000 Ladezyklen annehmen, hätte der Akku zum »Ende« seiner Lebensdauer 776.000 km absolviert.

Neben der Alterung durch Ladezyklen altert ein Akku auch über die Zeit – und das schneller in besonders hohen oder niedrigen Ladungszuständen. Mehr dazu lesen Sie im Abschnitt »Akkupflege« auf Seite 212.

8.8 AUSBLICK: FESTSTOFFAKKU

Feststoffakkus gelten als die nächste Akku-Generation und Nachfolger der Lithium-Ionen-Akkus. Sie sollen feuersicherer und leichter sein, eine höhere Energiedichte haben und schnellere Ladevorgänge ermöglichen.

Bei den Feststoffakkus ist der Elektrolyt, anders als beim Lithium-Ionen-Akku, fest. Die Ionen wandern daher nicht mehr, sondern sie springen durch ein sogenanntes »Festkörpergitter«. Ein Separator wird damit nicht mehr benötigt – der Elektrolyt an sich dient als solcher.

Übrigens

Eine Problematik in der Entwicklung von Feststoffakkus war bislang die Bildung von Dendriten an der Anode. »Dendriten« sind kristalline Strukturen aus metallischem Lithium, die sich im Zuge der Ladezyklen bilden, bis zur Kathode wachsen und auf diese Weise einen Kurzschluss verursachen können. Forscher*innen haben bereits eine Lösung gefunden: Sie beschichten die Anode aus metallischem Lithium mit einer Kompositschicht aus Silber-Karbon, was die Bildung von Dendriten verhindern soll *(bit.ly/3rM6AM4)*.

Mit Feststoffakkus soll eine Energiedichte von über 400 Wh/kg möglich sein, während die neue Generation von Lithium-Ionen-Akkus eine Energiedichte von 250 bis 300 Wh/kg besitzt. Gleichzeitig haben Feststoffakkus ein deutlich geringeres Gewicht (ca. 200 bis 500 kg), während ein aktueller E-Auto-Akku zwischen 300 und 750 Kilogramm wiegt.

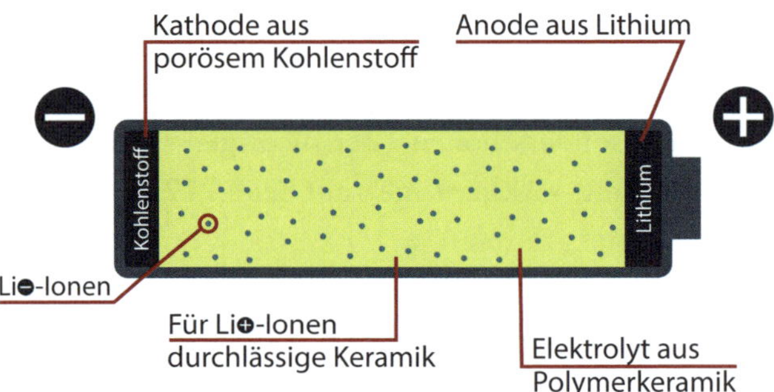

Abbildung 8.3: Aufbau eines Lithium-Luft-Akkus mit einem Festkörperelektrolyt (Quelle: eigene Darstellung)

Erste Feststoff-Zellen werden möglicherweise im Jahr 2025 auf den Markt kommen.

8.9 WIE LÄDT MAN DEN AKKU?

Am Anfang stehen zwei wichtige Fragen: Wird per Wechselstrom (AC) oder Gleichstrom (DC) geladen? Welches Kabel und welcher Steckertyp sind für Ihr E-Auto die richtigen?

Viele E-Autos kommen mit beiden Stromarten zurecht. AC (engl. »Alternating Current«) steht für Wechsel- und DC (engl. »Direct Current«) für Gleichstrom. Aus der normalen Haushaltssteckdose kommt Wechselstrom (AC). Da der Fahrzeug-Akku aber mit Gleichstrom (DC) arbeitet, muss der Wechselstrom über einen eingebauten Gleichrichter im Auto zunächst in Gleichstrom (DC) umgewandelt werden. Beim DC-Laden ist der Gleichrichter in der Ladesäule verbaut. Da das Laden also direkt mit Gleichstrom erfolgt, kann der Akku mit einer höheren Ladeleistung geladen werden, was wiederum eine kürzere Ladedauer erlaubt.

Gut zu wissen

Durch den Ladestrom und den elektrischen Widerstand im Ladekabel wird Abwärme freigesetzt, wodurch sich auch der Stecker und der Anschluss erwärmen. An Anschlüssen mit einer höheren Ladeleistung wird entsprechend mehr Abwärme freigesetzt. Viele Schnellladesäulen-Hersteller haben sich deshalb dafür entschieden, das Ladekabel sowie den Stecker mit Flüssigkeit zu kühlen.

In einem Test mit einer Ladesäule, deren Kühlpumpe defekt war, stieg die Temperatur des Ladesteckers innerhalb von einer halben Stunde von 50 °C auf 120 °C! Bei einem derartigen Temperaturanstieg bricht die Ladesäule normalerweise den Vorgang ab, damit das Fahrzeug und die Ladesäule nicht beschädigt oder gar Personen verletzt werden.

8.10 PHASEN ERKLÄRT

Um zu begreifen, warum es verschiedene Ladestecker gibt und wie der Ladevorgang funktioniert, sollten Sie verstehen, was es mit den »Phasen« auf sich hat.

Strom wird in Deutschland meistens in 3 Phasen zur Verfügung gestellt (Starkstrom/Drehstrom). Die 3 Phasen können von 16A über 32A bis hin zu 64A Strom liefern. Beim einphasigen Laden wird eine von drei möglichen »Leitungen« verwendet. Beim dreiphasigen Laden kann die dreifache Stromstärke genutzt werden.

Rechenbeispiel

Laden mit einer Phase

- Phasen (1) x Spannung (230V) x Stromstärke (16A) = Ladeleistung 3,7kW

Laden mit zwei Phasen

- Phasen (2) x Spannung (230V) x Stromstärke (16A) = Ladeleistung 7,4kW

Laden mit drei Phasen

- Phasen (3) x Spannung (230V) x Stromstärke (16A) = Ladeleistung 11kW
- Phasen (3) x Spannung (230V) x Stromstärke (32A) = Ladeleistung 22kW
- Phasen (3) x Spannung (230V) x Stromstärke (64A) = Ladeleistung 43kW

Die Ladeleistung hängt allerdings nicht nur von der Ladeleistung der Ladesäule, sondern auch von der Ladeleistung des E-Autos ab, die sich von Modell zu Modell unterscheidet. Eine Übersicht über verschiedene E-Autos und ihre Ladeleistung habe ich Ihnen im Abschnitt »Ladeleistung« auf Seite 188 zusammengestellt.

8.11 WELCHE STECKERTYPEN GIBT ES?

Leider ist es nicht wie an einer Zapfsäule, wo es nur zwei oder drei Arten von Zapfpistolen (je nach Treibstoff) gibt. Hier fängt es auf den ersten Blick an, kompliziert zu werden. Das ist es aber nicht!

Typ 1-Stecker

Dieser Steckertyp spielt in Deutschland keine Rolle mehr und steht hier nur der Vollständigkeit halber. Der Typ 1-Anschluss ist in Europa nur sehr wenig verbreitet. Man findet ihn häufig bei Fahrzeugen, die aus dem asiatischen Raum stammen. Es gibt Ladekabel, die einen Typ 1-Stecker und einen Typ 2-Stecker aufweisen.

Hier ein paar Fahrzeuge, die diesen Anschluss besitzen:

- Nissan Leaf (erste Generation)
- Citroën C-Zero
- Mitsubishi iMiev
- Kia Soul EV (erste Generation)

Mögliche Ladeleistung

Einphasig bis zu 7,4 kW (230 V × 32 A)

Abbildung 8.4: Typ 1-Stecker (Quelle: Wikimedia, bit.ly/3l4DKE8)

Abbildung 8.5: Typ 1-Stecker – typisierte Frontansicht

Stecker für die Haushaltssteckdose mit Typ 2-Stecker

Dieses Ladekabel hat den Typ 2-Stecker auf der Fahrzeugseite und auf der Gegenseite einen Schuko-Stecker für die Haushaltssteckdose.

Das Mode 2-Ladekabel erhält man beim Kauf des E-Autos vom Hersteller manchmal dazu. Sie können damit Ihr Fahrzeug an jeder gewöhnlichen Haushaltssteckdose (Schuko-Steckdose) laden. Die im Kabel integrierte Kontrollbox (kurz ICCB, In-Cable Control Box) bietet Sicherheitsfunktionen, übernimmt die Kommunikation mit dem Fahrzeug und hat so die Funktion einer Ladesäule oder Wallbox.

Mögliche Ladeleistung

- Einphasig bis zu 3,68 kW (230 V × 16 A)

Empfehlenswerte Ladeleistung

- Einphasig bis zu 2,3 kW (230 V × 10 A)

Bei einigen Kontrollboxen besteht die Möglichkeit, die Stromstärke einzustellen. Wählen Sie in so einem Fall immer 10 A. Schuko-Steckdosen sind in der Regel nicht auf dauerhafte Strombelastung von 16 A ausgelegt, und es ist eine dauerhafte Strombelastung, wenn das Fahrzeug über mehrere Stunden hinweg 2,3 kW (230 V × 10 A) aus der Steckdose bezieht.

Ich empfehle Ihnen, immer ein Mode 2-Ladekabel im Auto mitzuführen!

Begrifflichkeit

Manche nennen das ICCB-Ladekabel aufgrund seiner wuchtigen Kontrollbox gerne »Ladeziegel«. Oft wird es auch als »Notladekabel« bezeichnet. Dementsprechend sollte man es nur dann nutzen, wenn keine andere Lademöglichkeit besteht. Das hat zwei Gründe:

→

- Das Laden mit dem »Ladeziegel« nimmt in der Regel viel Zeit in Anspruch. Wollten Sie einen 50 kWh-Akku von 0 % auf 100 % laden, würde der Vorgang bei 2,3 kW Ladeleistung ca. 22 Stunden dauern.
- Die Ladeverluste sind bei Verwendung dieses Kabels sehr hoch. In der Regel liegen sie bei ca. 10–15 %. Wenn Sie einen 50 kWh-Akku vollladen, verlieren Sie also zwischen 5 kWh und 7,5 kWh. Bei einem Strompreis von 0,30 €/kWh sind das 1,50 € bis 2,25 € pro Voll-Ladung.

Mode 3 – bekannt als »Typ 2–Ladekabel«

In diesem Fall ist die Steckdose eine Ladesäule oder Wallbox. Das Mode 3-Kabel besitzt im Vergleich zum Mode 2-Kabel keine Kontrollbox (ICCB). Die Ladesäule oder Wallbox ist für die Kommunikation und die Sicherheitsfunktionen zuständig.

Im europäischen Raum hat sich der Typ 2-Stecker seit Januar 2013 als Standard durchgesetzt. Seit 2016 ist der Typ 2-Anschluss verbindlich für Ladesäulen vorgeschrieben.

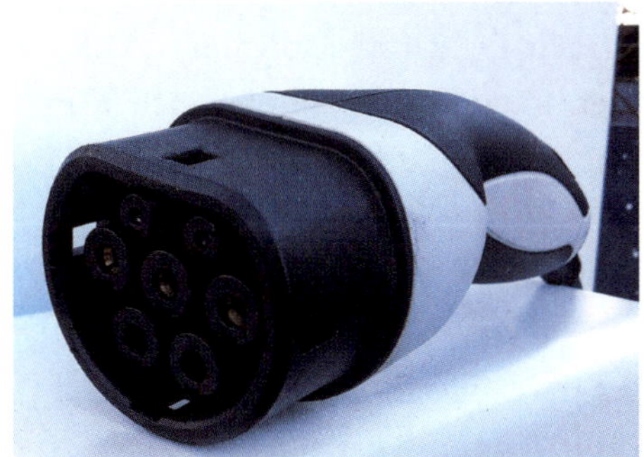

Abbildung 8.6: Typ 2-Stecker (Quelle: Wikimedia, bit.ly/3veGHae)

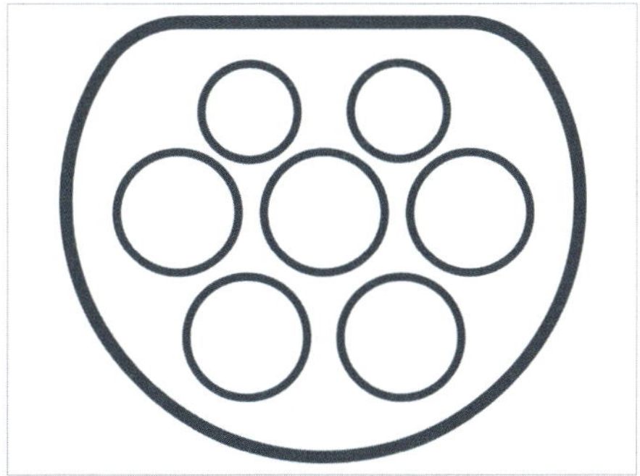

Abbildung 8.7: Typ 2-Stecker – typisierte Frontansicht (Quelle: eigene Darstellung)

Hinweis

Ich empfehle, immer ein eigenes Typ 2-Ladekabel im Auto mitzuführen, da viele innerstädtische Ladesäulen aus Schutz vor Vandalismus oder Diebstahl keine fest installierten Ladekabel haben.

In der Regel ist das Typ 2-Ladekabel bereits im Lieferumfang des Fahrzeuges enthalten, manchmal muss man es zusätzlich erwerben. Das geht häufig direkt über den Autobauer, oder Sie kaufen es über andere Anbieter wie etwa MENNEKES (übrigens die Erfinder des Typ 2-Steckers). Ladekabel gibt es in unterschiedlichen Ausführungen.

Man unterscheidet bei den Typ 2-Ladekabeln zum einen, über wie viele Phasen (einphasig oder dreiphasig) geladen, und zum anderen, welche maximale Stromstärke bezogen werden kann.

Hinweis

Achten Sie beim Kauf des Typ 2-Ladekabels darauf, das für Ihr Fahrzeug passende Ladekabel zu erwerben. Es gibt auch Typ 2-Kabel, die nur 7,4 kW Ladeleistung weitergeben können. Auf der anderen Seite gibt es auch Typ 2-Kabel, die bis zu 22 kW zulassen.

Mögliche Ladeleistung

- einphasig bis zu 7,36 kW (230 V × 32 A)
- dreiphasig bis zu 22 kW (400 V × 32 A)

Combo-Stecker (Combined Charging System – CCS)

»Combined Charging System« zu Deutsch: »kombiniertes Ladesystem«. Dieser Stecker ist mittlerweile internationaler Standard für E-Autos.

Der CCS-Stecker ist die Ergänzung des Typ 2-Steckers. Das erkennen Sie, wenn Sie sich den CCS-Stecker in Abbildung 8.8 genauer ansehen. Er sieht im oberen Bereich wie ein Typ 2-Stecker aus, hat aber als Erweiterung im unteren Bereich zwei zusätzliche Kontakte. Die CCS-Buchse am Fahrzeug ermöglicht die Schnellladefunktion und unterstützt AC- sowie DC-Laden (Wechsel- sowie Gleichstromladen).

Von »Schnellladefunktion« spricht man ab einer Leistung von 22 kW. Ladeleistungen, die über 150 kW hinausgehen, firmieren unter dem Namen »High Power Charging« (HPC). Einige Ladesäulen-Anbieter verwenden dafür auch die Bezeichnung »Ultra High Power Charging System« (UHPC). Hinter beiden Ausdrücken steckt aber die gleiche Schnellladefunktion. HPC-Schnellladesäulen finden Sie häufig an oder in der Nähe von Autobahnen. Ihr Zweck ist es, möglichst viel Energie in kurzer Zeit in den Akku zu laden, um eine zügige Fortsetzung der Reise zu gewährleisten.

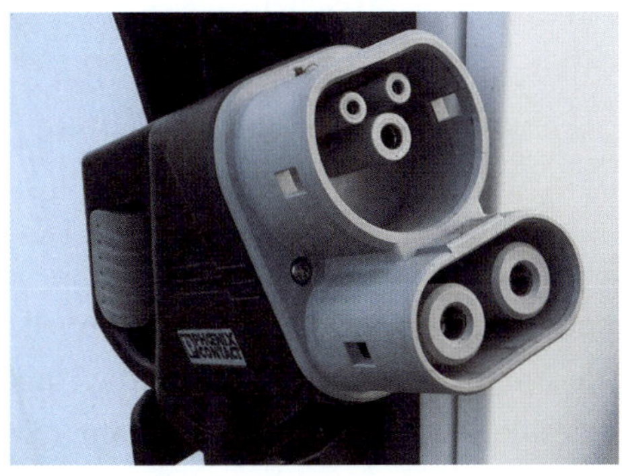

Abbildung 8.8: CCS-Stecker (Quelle: Wikimedia, bit.ly/38rDNEW)

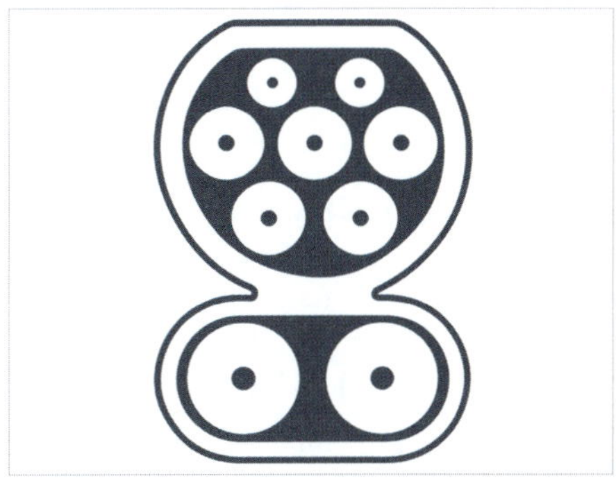

Abbildung 8.9: : CCS-Stecker – typisierte Frontansicht (Quelle: eigene Darstellung)

Übrigens

Bekannte HPC-Anbieter in Deutschland sind allego, IONITY, EnBW, innogy und Fastned. IONITY ist übrigens ein Zusammenschluss der Autokonzerne VW, Daimler, BMW, Audi, Porsche und Ford.

Mögliche Ladeleistung

- bis zu 500 kW (1000 V × 500 A)

Hinweis

Die oben angegebene mögliche Ladeleistung von 500 kW kann bisher von keinem E-Auto bezogen werden. Laut Herstellerangabe schafft der *Porsche Taycan* 270 kW. Damit ist er das bisher einzige E-Auto, das diesen Wert erreicht. Das *Tesla Model 3* erreicht an den Tesla Superchargern V3 eine Ladeleistung von bis zu 250 kW. Ich selbst konnte mit diesem Modell an einer IONITY-Säule »nur« maximal 190 kW Ladeleistung erreichen.

CHAdeMO-Stecker

Der CHAdeMO-Stecker wurde in Japan entwickelt und ermöglicht ein Schnellladen mit bis zu 150 kW Gleichstrom Ladeleistung. Der Name ist vermutlich aus dem japanischen Satz »Ocha demo ikaga desuka« abgeleitet, der ungefähr mit »Wie wär's mit einer Tasse Tee?« übersetzt werden kann. Frei nach dem Motto: »Nach einer Tasse Tee können Sie mit 80 % Akkustand weiterfahren.«

Die meisten CHAdeMO-Ladesäulen in Europa haben eine Ladeleistung von bis zu 50 kW (500 V, 100 A). Ladesäulen mit einer Leistung von bis zu 150 kW (500 V, 300 A) findet man dagegen nur wenige.

Abbildung 8.10: CHAdeMO-Stecker (Quelle: Wikimedia, bit.ly/3coUxya)

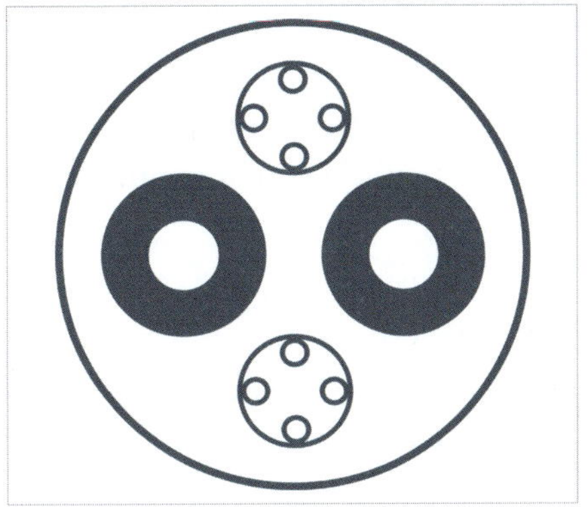

Abbildung 8.11: CHAdeMO-Stecker typisierte Frontansicht (Quelle: eigene Darstellung)

In 2020 wurde das neue Ladeprotokoll CHAdeMO 3.0 veröffentlicht, es erlaubt Ladeleistungen von bis zu 500 kW. Fahrzeuge (vorrangig Nutzfahrzeuge) mit CHAdeMO 3.0 sollen wohl noch 2021 auf den asiatischen Markt kommen.

Hier einige Fahrzeuge, die mit dem bisherigen CHAdeMO-Anschluss ausgestattet sind:

- Kia Soul EV bis 70 kW DC
- Nissan Leaf (erste Generation)
- Nissan e-NV200 (erste Generation)
- Mitsubishi Plug-In Hybrid Outlander

CHAdeMO-Ladesäulen mit der größten Verbreitung in Europa

- Leistungsabgabe bis zu 50 kW

Mögliche Ladeleistung

- alte Modelle: bis zu 150 kW (500 V × 300 A), neu: bis zu 500 kW

CEE-Stecker

Einige Autohersteller legen dem Ladekabel mit Kontrollbox (ICCB) Adapter bei, die es ermöglichen, an den blauen Camping- oder den roten Industriesteckdosen zu laden.

CEE-Stecker stellen eine gute Alternative dar, da sie üblicherweise bis zu 22 kW liefern können. Zu Hause kann eine CEE-Dose zum Beispiel eine Wallbox ersetzen, vorausgesetzt Sie besitzen ein entsprechendes Ladekabel mit Kontrollbox wie etwa den JUICE BOOSTER oder den NRGkick (siehe Seite 155 und Seite 157). Möchten Sie an Ihrem Haus eine CEE-Dose nutzen, muss diese natürlich von Elektro-Fachpersonal installiert werden.

Den CEE-Stecker gibt es in zwei gängigen Varianten:

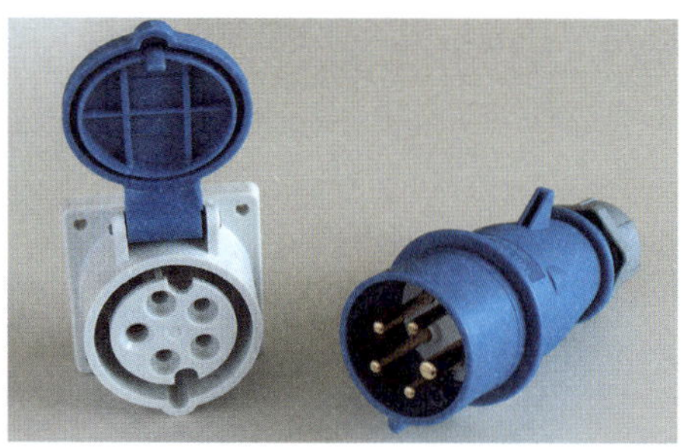

Abbildung 8.12: CEE-Dose und Stecker – blau (Quelle: Wikimedia, bit.ly/30txGeW)

Abbildung 8.13: CEE Stecker – rot (Quelle: Wikimedia, bit.ly/2OjnLGv)

Mögliche Ladeleistung blaue CEE-Stecker

- einphasig bis zu 3,7 kW (230 V, 16 A)

Mögliche Ladeleistung roter CEE-Stecker

- dreiphasig bis zu 22 kW (400 V, 32 A)

Die roten und blauen Steckdosen gibt es in unterschiedlichen Ausführungen (16 A, 32 A, 63 A, einphasig oder dreiphasig). Für die Varianten gibt es entsprechende Adapter.

Hinweis

An der »kleinen« roten Industriesteckdose (CEE 16) kann man bis zu 11 kW Ladeleistungen (400 V, 16 A) beziehen.

Tipp

Vom Laden an fremden CEE-Dosen rate ich in der Regel aus Sicherheitsgründen ab. Im äußersten Notfall kann man diese nutzen. Man sollte jedoch die Stromstärke an der Kontrollbox oder im Auto entsprechend runterregeln. Bisher bin ich mit 10 A beim Laden immer sicher gefahren.

Welcher Fahrzeuganschluss ist für den europäischen Markt sinnvoll?

Im Großen und Ganzen kann man sagen, dass sich im europäischen Markt der Typ-2 und der CCS-Anschluss durchgesetzt haben. Daher empfehle ich Ihnen, darauf zu achten, dass Ihr Fahrzeug mit folgenden Anschlüssen ausgestattet ist:

- Generell: Typ 2-Anschluss
- Bei regelmäßigen Autobahnfahrten: CCS-Anschluss

8.12 INDUKTIVES LADEN

Vielleicht kennen Sie induktives Laden bereits von Ihrem Smartphone oder Ihrer elektrischen Zahnbürste. Induktives Laden macht das Ladekabel überflüssig. Klingt nach weit entfernter Zukunft, ist es aber nicht. Die Technik ist heute schon serienreif.

Wie funktioniert induktives Laden?

In der Parkfläche oder im Asphalt ist eine quadratische Platte verbaut, auch »Charging Pad« genannt. Diese Platte enthält eine Spule und wird an das Stromnetz angeschlossen. Der Gegenpart zu dieser Spule ist im Unterboden des Fahrzeugs verbaut und hat in etwa die Größe eines DIN-A4-Blattes. Das Charging Pad ist der »Sender«, die Spule im Fahrzeug der »Empfänger«. Die beiden Spulen müssen recht genau übereinanderstehen. Ist das der Fall, wird ein Magnetfeld aufgebaut, und der Strom fließt vom Charging Pad in den Akku des Fahrzeugs.

Um möglichst effizient induktiv zu laden, sollten beide Spulen aneinander liegen. Das ist aber aufgrund des Abstandes zwischen Karosserieunterseite und Boden nicht möglich. Eine Hebekonstruktion für das Charging Pad könnte diesen Abstand überwinden.

Wie schnell kann ich induktiv Laden?

Aktuell gibt es Charging Pads mit einer Leistung von etwa 3,6 kW bis zu 11 kW. In Entwicklung befindet sich noch die 20 kW- bis 22 kW-Variante.

Rechenbeispiel

Nehmen wir für dieses Beispiel eine Akkukapazität von 58 kWh an. Wieviel kWh hat der Akku nachgeladen?

- Ladeleistung/Stunde = kWh pro Minute
- kWh pro Minute × Zeit in Minuten = geladene kWh
- 11 kWh/60 min = 0,183 kWh/min
- 0,183 kWh × 20 min = 3,66 kWh

So konnten in 20 Minuten 3,66 kWh geladen werden – gute 6,3 % der gesamten Akkukapazität. Die 20 Minuten Ladezeit ließen sich vielleicht für den Wocheneinkauf im Supermarkt nutzen.

Vorteile	Nachteile
Keine sichtbaren Ladesäulen, die das Stadtbild verändern.	Geringerer Wirkungsgrad als das Laden an einer Ladesäule mittels Kabel (Ladeverluste).
Keine Kabel, die man mitführen, herausholen und anstecken muss.	Die Spulen müssen so genau wie möglich übereinander liegen, daher ist genaues Parken erforderlich! Die Autokonzerne lösen das über eine Einparkhilfe, die dem Einparkpieper ähnelt.
Keine herumliegenden Kabel und somit keine möglichen »Stolperfallen«.	Noch kein Schnellladen möglich.
Die Charging Pads sind keinen Witterungseinflüssen ausgesetzt.	Hohe Bauhöhe der Spulen.
Es ist kein Vandalismus möglich, da die Pads im Boden versenkt sind.	Potenzielle Hebekonstruktionen wären den Witterungseinflüssen ausgesetzt. Kleine Steine oder Ablagerungen durch Blätter oder Schmutz könnten diese blockieren. Ein zusätzlicher Wartungsaufwand wäre nötig.

8.13 BIDIREKTIONALES LADEN (VEHICLE TO GRID/VEHICLE TO HOME)

»Bidirektionales Laden« bedeutet, dass Strom in zwei Richtungen fließen, geladener Strom also wieder aus dem Akku entnommen werden kann. Strom aus dem Fahrzeug-Akku könnte also in das eigene Haus (»Vehicle to Home«) oder in das öffentliche Stromnetz (»Vehicle to Grid«) eingespeist werden. Der Akku ließe sich aber auch vom Stromnetz als Pufferspeicher verwenden.

Damit man bidirektional laden kann, müssen die Akku- und die Ladeelektronik im Fahrzeug, die Elektronik der Wallbox und nicht zuletzt die im Haus verbauten Sicherungen entsprechend ausgelegt sein. Bislang lassen sich nur E-Autos mit einem CHAdeMO-Anschluss bidirektional laden.

Hinweis

Beim bidirektionalen Laden wird der Akku des Fahrzeuges öfter ge- und entladen, was sich auf dessen Lebensdauer auswirkt.

Vehicle to Home (V2H)

Wenn die Sonne scheint, laden wir den Strom von der Photovoltaikanlage in den Fahrzeug-Akku. Nach Sonnenuntergang kann der Haushalt dann mit Solarstrom aus dem Akku versorgt werden. So könnte das bidirektionale Laden auch einen Batteriespeicher am Eigenheim ersetzen.

Vehicle to Grid (V2G)

Ihnen ist vielleicht auch schon aufgefallen, dass manche Windräder trotz Wind stillstehen. Ein häufiger Grund dafür ist ein drohender Stromüberschuss im Netz. Damit nicht zu viel Strom erzeugt wird, werden einige Windräder abgeschaltet.

Der Stromüberschuss ließe sich aber auch abfangen, wenn Netzbetreiber mittels bidirektionalem Laden die Akkus einer großen Anzahl von E-Autos als Pufferspeicher nutzen und die Windräder weiterlaufen lassen würden. Übersteigt die Nachfrage das Angebot zu bestimmten Zeiten, können die Netzbetreiber den Strom wieder dem Auto-Akku entnehmen und das Netz mithin entlasten. Den Fahrzeuginhaber*innen böte sich somit die Möglichkeit, quasi im Schlaf ein wenig Geld zu verdienen (natürlich mit dem Nachteil, dass der Akku durch die zusätzlichen Lade- und Entladezyklen an nutzbarer Kapazität verliert).

Welche Wallboxen können bidirektional laden?

Ein Konzern, der bidirektionale Ladegeräte herstellt, ist beispielsweise wallbox mit dem Produkt »Quasar«. Die Wallbox Quasar ist mit einem CHAdeMO-Stecker ausgestattet und kann über diesen maximal 7,4 kW laden und entladen.

Welche Fahrzeuge lassen sich bidirektional laden?

Nur wenige serienreife Fahrzeuge lassen sich bidirektional laden, hier eine Auflistung:

- Citroën C-Zero
- Mitsubishi iMiEV
- Nissan Leaf
- Peugeot iOn

Wie lange kann ich meinen Haushalt mit dem Fahrzeug-Akku versorgen?

Nehmen wir mal folgende Faktoren an:

- Wir haben eine vierköpfige Familie, deren Strombedarf sich im Jahr auf 4.500 kWh beläuft.
- Die Familie fährt einen Nissan Leaf mit einem 62 kWh-Akku.

Rechenbeispiel

- 4.500 kW/365 Tage = 11,64 kWh pro Tag
- Größe des Fahrzeug-Akkus/Strombedarf pro Tag
- 62 kWh/11,64 kWh = 5,33 Tage

→

Dieser vierköpfige Haushalt könnte sich also 5,33 Tage mit Strom aus dem Akku des Nissan Leaf versorgen, wäre innerhalb dieses Zeitraumes also völlig unabhängig vom örtlichen Stromnetz.

8.14 AKKU AUF 100 % SOC LADEN ODER NICHT?

Ein Akku sollte durchaus richtig geladen und gepflegt werden, und was Sie dazu genau beachten müssen, erfahren Sie im Abschnitt »Akkupflege« auf Seite 212. Nur kurz vorweg: Ob es dem Akku Ihres E-Autos schadet oder nicht, wenn Sie ihn vollgeladen ein oder zwei Nächte stehen lassen, lässt sich nicht pauschal beantworten. Tesla beispielsweise rät deutlich davon ab. Längere Standzeiten können hier auf Dauer den Akkuzellen schaden (das gilt übrigens auch bei fast leerem Akku). Fragen Sie dazu beim Hersteller Ihres E-Autos nach.

Übrigens können Sie den Akku gar nicht auf 100 % seiner technisch möglichen (und offiziell angegebenen) sogenannten »Bruttokapazität« laden – sondern nur auf 100 % der kleineren »Nettokapazität«. Diese Differenz bzw. dieser Puffer schützt den Akku vor zu schneller Degradation und ist je nach Hersteller und Akkukapazität unterschiedlich groß. Mehr dazu lesen Sie ab Seite 213.

9 WIE VIEL KOSTET EINE AKKULADUNG IM VERGLEICH ZUM TANKEN?

Vergleichen wir, welchen Preis wir für eine Akkuladung und einmal Volltanken zahlen. Nehmen wir beispielsweise einen 75 kWh-Akku, den wir von 0 % (was vorkommen wird) auf 100 % laden – also 75 kWh plus etwaige Ladeverluste, die ich an dieser Stelle ignoriere –, und für die Berechnung den Preis fürs Schnellladen an der IONITY-Ladesäule. Dieser beträgt aktuell 0,79 € pro kWh (Stand März 2021) – was für sogenanntes »Ad hoc-Laden« (also ohne Vertrag oder vorherige Registrierung) ein wirklich hoher Preis ist.

Preis pro kWh × Akkukapazität = Kosten für das Laden

0,79 € × 75 kWh = 59,25 €

Bei einer Reisegeschwindigkeit von 120 bis 150 km/h habe ich mit dem Tesla Model 3 einen Durchschnittsverbrauch von ca. 17 bis 18 kWh/100 km. Somit ergibt sich eine Reichweite von 417 km. Da ich aber nie auf 0 % SoC herunterfahre, sind es realistisch gesehen eher 380 km.

Mit dem oben genannten Verbrauch zahle ich also bei IONITY pro 100 km sage und schreibe 15,60 €.

Rechenbeispiel zu IONITY

Realistischen Verbrauch berechnen – Akkukapazität/gefahrene Reichweite × 100, also:
75 kWh/380 km × 100 = 19,74 kWh/100 km

Preis pro 100 km Strecke berechnen – realistischer Verbrauch auf 100 km × Preis pro kWh, also:
19,74 kWh/100 km × 0,79 €/kWh = 15,60 €/100 km

Rechnen wir nun mit einer der günstigeren Ladekarten (mehr dazu im Kapitel 13 »Mit nützlichen Ladekarten und -Apps durch den Preisdschungel« auf Seite 169) und nehmen EinfachStromLaden von MAINGAU. Mit dieser Karte bezahlen wir für das Schnellladen aktuell 48 ct/kWh (Stand März 2021).

Rechenbeispiel zu EinfachStromladen

Preis pro 100 km Strecke mit EinfachStromLaden – realistischer Verbrauch auf 100 km × Preis pro kWh, also:
19,74 kWh/100 km × 0,48 €/kWh = 9,47 €/100 km

Oder wir laden an einer städtischen Ladesäule mit 22 kW und nehmen die Ladekarte von EnBW. Dort zahlen wir nur noch 39 ct/kWh (Stand März 2021).

Rechenbeispiel EnBW

Preis pro 100 km Strecke mit einer Ladekarte von EnBW – realistischer Verbrauch auf 100 km × Preis pro kWh, also:
19,74 kWh/100 km × 0,39 €/kWh = 7,69 €/100 km

Vielleicht können Sie auch zu Hause den Strom von der eigenen Photovoltaikanlage nutzen. Nehmen wir als Preis eine aktuelle Einspeisevergütung von 8,56 ct/kWh an (Stand Januar 2021).

Rechenbeispiel Photovoltaik

Preis pro 100 km Strecke mit eigenem Solarstrom – realistischer Verbrauch auf 100 km × Preis pro kWh, also:
19,74 kWh/100 km × 0,0856 €/kWh = 1,69 €/100 km

Kosten für Ladestrom und Kraftstoff im direkten Vergleich				
Antriebsart	**Preis pro Einheit**	**Kraftstoff oder Ladekarte**	**Durchschnittsverbrauch pro 100 km**	**Preis pro 100 km**
Benzin	1,25€/l	Super (E10)	7,8 l	9,75€
Diesel	1,11 €/l	Diesel	7 l	7,77€
Elektro	79 ct/kWh	IONITY (DC)	19,74 kWh	15,60€
Elektro	48ct/kWh	EinfachStrom-Laden (DC)	19,74 kWh	9,48€
Elektro	39 ct/kWh	Ladekarte von EnBW (AC)	19,74 kWh	7,69€
Elektro	8,56 ct/kWh	Photovoltaik (AC)	19,74 kWh	1,69€

Datengrundlage zur Berechnung:
Durchschnittspreis Super (E10) im Jahr 2020: 1,25€/l
Durchschnittsverbrauch von in Deutschland zugelassenen Benzinern im Jahr 2018: 7,8 l/100 km
Durchschnittspreis Diesel im Jahr 2020: 1,11 €/l
Durchschnittsverbrauch von in Deutschland zugelassenen Diesel-Kfz im Jahr 2018: 7 l/100 km

Mit den genannten Preisen kommen wir – wohlgemerkt elektrisch – immer 100 km weit! Sie sehen: Elektrisch können die »Tankkosten« sehr unterschiedlich und ausgesprochen gering ausfallen!

Interessant ist der Tankkosten-Vergleich auf Basis des Energiegehalts. Ein Liter Super hat einen Energiegehalt von 8,5 kWh. Betrachten wir nun den Liter Super mit dem gleichen Strompreis, den wir an der Ladesäule zahlen (30 ct/kWh angenommen), so würden wir für einen Liter Super 2,55€ zahlen. Das ist absurd teuer. Wären wir bei diesem Preis angelangt, stiege bestimmt jede*r sofort auf ein E-Auto um. Der Durchschnittsverbrauch bei einem Super-Benziner liegt bei 7,8 l/100 km. Das entspricht der Energiemenge von 66,3 kWh, für die man an der Tankstelle mit den zuvor angenommenen 30 ct/kWh 19,89€ pro 100 km zahlen müsste. Der Durchschnittsverbrauch unseres E-Autos beträgt 19,74 kWh/100 km. Mit der Energiemenge von 7,8 l Super würde unser E-Auto 335 km weit fahren.

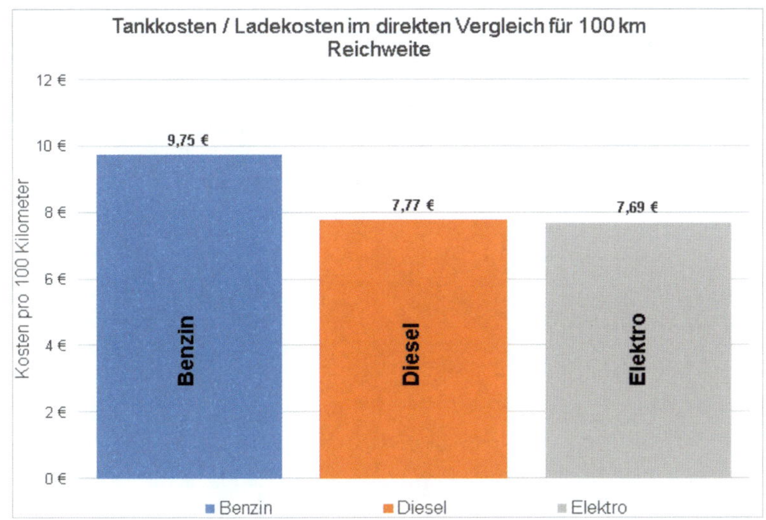

Abbildung 9.1: Tankkosten/Ladekosten im direkten Vergleich

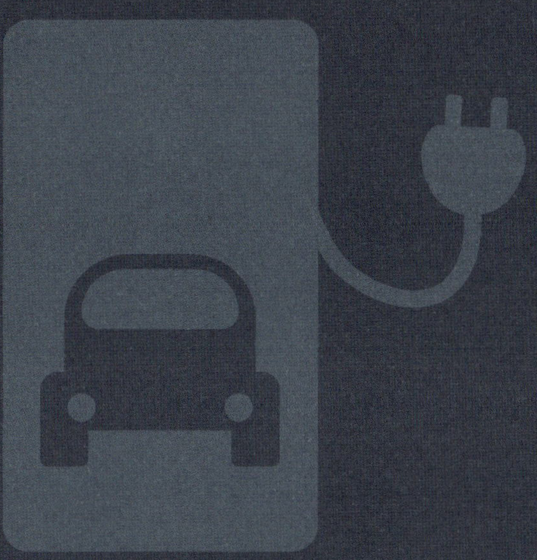

10 LADESÄULE ERKLÄRT

Die Bundesnetzagentur meldete im April 2021 35.845 Normal- und 5.906 Schnellladepunkte (*bit.ly/2OjmAGZ*). »Ladepunkt« meint ein Ladekabel mit einem Stecker oder eine Ladebuchse. Manche Ladesäulen besitzen ein oder mehrere fest montierte Kabel (teils mit unterschiedlichen Steckern und Ladeleistungen), andere lediglich eine Steckdose, an die Sie Ihr Auto mit Ihrem eigenen Ladekabel anschließen.

Das Ladekabel, ob es nun das fest an der Säule installierte oder Ihr eigenes ist, wird dabei nicht nur zur Übertragung von Strom genutzt, sondern auch zur Kommunikation zwischen E-Auto und Ladesäule. Beim Laden mit Wechselstrom meldet das Auto, ob es angesteckt und bereit zum Laden ist, und die Ladesäule meldet die verfügbare Ladeleistung. Beim Laden mit Gleichstrom werden Informationen über Akku und Batteriemanagementsystem wie zum Beispiel die Akku-Kapazität, der SoC sowie die Akku-Temperatur zur Ladesäule weitergegeben. Auf dieser Grundlage legt die Ladesäule fest, wie viel Ladeleistung für den Akku freigegeben wird.

Tipp

Es gibt unterschiedliche Arten von Ladesäulen mit unterschiedlichen Ladegeschwindigkeiten (dazu gleich mehr). Um Ladesäulen in Ihrer Umgebung ausfindig zu machen, empfehle ich Ihnen, einen Blick in den Abschnitt »Going-Electric-Stromtankstellen« auf Seite 203 zu werfen. Oder schauen Sie in das interaktive »StandortTOOL« des Bundesministeriums für Verkehr und digitale Infrastruktur: *bit.ly/2Ro1jx2*.

10.1 KORREKTE NUTZUNG VON LADESÄULEN

Bevor es in die technischen Details geht, möchte ich Ihnen schrittweise die übliche Vorgehensweise an Ladesäulen erläutern.

Zum Starten des Ladevorgangs

1. Parken Sie auf der (gegebenenfalls gekennzeichneten) Stellfläche für E-Autos. Platzieren Sie Ihr Gefährt so, dass die Länge des Ladekabels ausreicht.
2. Entriegeln bzw. öffnen Sie die Ladeklappe am Fahrzeug.

3. Die Ladesäule hat ein fest montiertes Ladekabel mit passendem Stecker? Schließen Sie ihn an den Ladeanschluss Ihres Fahrzeugs an. Hat die Ladesäule nur eine Steckdose, stecken Sie Ihr eigenes Ladekabel *erst in die Ladesäule* und *anschließend in Ihr Fahrzeug*.
4. Folgen Sie den Anweisungen auf dem Display oder schalten Sie den Ladevorgang gegebenenfalls frei (siehe Abschnitt »Nützliche Tipps für die Nutzung von Ladesäulen« auf Seite 133).
5. Denken Sie daran, eine Parkscheibe ins Fenster zu legen, da an vielen Ladesäulenstellplätzen eine zeitliche Beschränkung gilt.
6. Wenn Sie bei einem Schnellladevorgang nicht bei Ihrem Fahrzeug bleiben, platzieren Sie einen Hinweis hinter der Windschutzscheibe, wie lange Sie zu laden planen oder wie man Sie in dringenden Fällen erreichen kann. Das erleichtert es anderen abzuschätzen, ob sie warten oder lieber zur nächsten freien Lademöglichkeit weiterfahren sollen.

Zum Beenden des Ladevorgangs

1. Stoppen Sie den Ladevorgang am Display der Ladesäule. Wenn die Ladesäule keins besitzt und die Freischaltung über die Ladekarte erfolgt ist, müssen Sie diese erneut an das RFID-Feld der Säule halten. Anschließend wird der Ladevorgang beendet.
2. Stecken Sie das Ladekabel wieder in die dafür vorgesehene Vorrichtung der Ladesäule bzw. verstauen Sie Ihr eigenes Ladekabel wieder im Fahrzeug.
3. Schließen und verriegeln Sie die Ladeklappe am Fahrzeug.

10.2 WELCHE ARTEN VON LADESÄULEN GIBT ES?

Es gibt im Grunde drei verschiedene Arten von Ladesäulen. Diese laden Ihr E-Auto entweder mit Wechselstrom (AC) oder Gleichstrom (DC).

Standard-Ladesäule (Typ 2 – 22 kW)

Typ 2-Ladesäulen findet man häufig im städtischen Umfeld. Diese Säulen haben meist kein fest installiertes Ladekabel, was Vandalismus vorbeugen soll.

Mit dieser Art von Ladesäule laden Sie Ihr E-Auto mit Wechselstrom.

Abbildung 10.1: Typ 2-Ladesäule

Ladeleistung

- Bis zu 3,7 kW über eine Phase
- Bis zu 7,4 kW über zwei Phasen
- Bis zu 22 kW über drei Phasen

Übrigens lässt sich mit dem Typ 1-Stecker auch an einer Typ 2-Ladesäule laden. Meist hat das Typ 1-Kabel an der Fahrzeugseite einen Typ 1- und an der anderen Seite einen Typ 2-Stecker. Mit dem Typ 1-Kabel sind allerdings nur bis zu 7,4 kW Ladeleistung möglich (in der Praxis oft sogar nur 3,6 kW), verfügt dieses doch bloß über eine Phase. Es kann jedoch mit 32 A und 230 V versorgt werden. Mit dem Typ 2-Stecker sind dagegen bis zu 22 kW möglich – je nach Ladesäule.

Multistandard-Schnellladestation (Triple-Charger)

Diese Ladesäule findet man nicht ganz so häufig im städtischen Umfeld. An ihr erfolgt die Aufladung mit Gleichstrom. Somit sind Ladeleistungen von bis zu 50 kW möglich. Aber auch Wechselstrom kann an dieser Säule bezogen werden – das hängt von der Ausstattungsvariante des Triple-Chargers ab.

Abbildung 10.2: Triple-Charger

Triple-Charger besitzen meist ein Display, das durch den Ladevorgang führt, und oft mehrere fest installierte Ladekabel, die auch gleichzeitig genutzt werden können. An einem Triple-Charger können manchmal bis zu drei E-Autos gleichzeitig geladen werden (davon einmal Gleichstrom), dann allerdings nicht mit der vollen Leistung, die pro Kabel möglich ist.

Ladeleistung

- CCS – Ladekabel: bis zu 50 kW (DC)
- CHAdeMO – Ladekabel: bis zu 50 kW (DC)
- Typ 2 – Kabel: bis zu 43 kW (AC)

Abbildung 10.3: HPC-Lader von IONITY

Ultra-Schnellladesäulen (High-Power-Charging HPC)

Ultra-Schnellladesäulen stehen häufig an oder in der Nähe von Autobahnen. Sie sollen eine schnelle Weiterfahrt ermöglichen und warten daher mit sehr hohen Ladeleistungen auf. IONITY etwa ist neben EnBW einer der großen Betreiber von Ultra-Schnellladesäulen (IONITY ist ein Zusammenschluss der Automobilkonzerne BMW, Ford, Daimler, Volkswagen, Audi, Porsche).

Ein solcher HPC-Lader-Standort besteht meist aus mehreren Säulen, Gleichrichtern und einem Netztrafo. Optional ist er mit Pufferbatterien ausgestattet.

Der Netztrafo ist an das Mittelspanungsnetz angeschlossen und wandelt die Spannung in Niederspannung (1.000 Volt) um. An das Niederspannungsnetz wiederum sind Gleichrichter angeschlossen, die aus Wechselstrom Gleichstrom erzeugen, mit dem schließlich die E-Autos geladen werden.

Die HPC-Lader besitzen wie die Triple-Charger ein Display mit Informationen zum Ladevorgang. Während des Ladens werden dort Informationen zu Spannung, Stromstärke, Ladestand und Ladedauer angezeigt.

Meist besitzt ein HPC-Lader nur ein fest installiertes Ladekabel. Dieses ist recht dick, da es aufgrund der Wärmeentwicklung wassergekühlt wird. An jeder dieser Ladesäulen liegt die maximale Ladeleistung bei 350 kW.

Ladeleistung

- CCS – Ladekabel: bis zu 350 kW (DC)

Weitere Anbieter von HPC-Ladesäulen

- allego
- EnBW
- Fastned
- innogy

Tesla Supercharger

Die Supercharger von Tesla findet man – wie auch die HPC-Lader – oft an oder in der Nähe von Autobahnen. Sie haben die gleiche Funktion wie die HPC-Lader und sollen dank hoher Ladeleistungen eine möglichst schnelle Weiterfahrt ermöglichen. Die Supercharger von Tesla sind aktuell nur den Fahrzeugen von Tesla vorbehalten, allerdings diskutiert man in den USA bereits die Öffnung der Ladepunkte für E-Autos anderer Hersteller.

Aktuell hat Tesla weltweit mehr als 20.000 Supercharger aufgebaut und der Ausbau schreitet kontinuierlich voran.

Abbildung 10.4: Tesla Supercharger

Abbildung 10.5: Tesla Supercharger-Standorte in Europa (Quelle: bit.ly/38y4SXg)

An den Superchargern ist keine Freischaltung für den Ladevorgang notwendig. Man steckt einfach das Ladekabel ein. Dann startet die Kommunikation zwischen Ladesäule und Fahrzeug, und das Laden beginnt. Während des Vorgangs wird die Fahrgestellnummer übertragen. Anhand derer weiß das System, zu welchem Konto das Fahrzeug gehört, über das schließlich auch die Verrechnung und Bezahlung stattfindet.

Hinweis

Anders als bei den HPC-Ladern von IONITY teilen sich die Supercharger der Version 2 die Ladeleistung. Deshalb sind die Säulen auch nummeriert. Aktuell stehen bei den V2-Superchargern insgesamt 150 kW pro Paar (beispielsweise an Säule 4A und Säule 4B) zur Verfügung. Lädt ein Tesla bereits an Säule 4A und kommt ein anderer Tesla an Säule 4B hinzu, erhält dieser viel weniger Ladeleistung als das Auto, das ihm an Säule 4A zuvorgekommen ist. Frei nach dem Motto: »Wer zuerst kommt, mahlt zuerst.«

An vielen Ladepunkten stehen bereits Supercharger der Version 3 zur Verfügung. Sie ermöglichen nicht nur Ladeleistungen von bis zu 250 kW, sondern sie stellen auch allen Abnehmer*innen die volle Leistung zur Verfügung.

Ladeleistungen

- Supercharger V2: modifiziertes Typ 2-Ladekabel:
  - bis zu 135 kW (DC) – Tesla Model S und Tesla Model X
- Supercharger V2: CCS-Ladekabel:
  - bis zu 150 kW (DC) – Tesla Model 3 und Tesla Model Y
- Supercharger V3: CCS-Ladekabel:
  - bis zu 250 kW (DC) – Tesla Model 3 und Tesla Model Y
  - bis zu 180 kW (DC) – mittels CCS-Adapter Tesla Model S und Tesla Model X

10.3 BEZAHLUNG

Die Bezahlung an Ladesäulen läuft meistens über eine Ladekarte oder Lade-App. Um eine Ladekarte zu erhalten oder die Lade-App nutzen zu können, müssen Sie sich zuvor beim jeweiligen Betreiber registriert haben. Bei der Registrierung geben Sie zusätzlich Ihre Zahlungsmethode an.

Als mögliche Zahlungsmethode kommt so ziemlich jedes elektronische Zahlungsverfahren zum Einsatz. Die Bezahlung kann beispielsweise über das SEPA-Verfahren, Kreditkarte oder PayPal erfolgen.

Wie Sie mit einer App laden bzw. eine Ladekarte bestellen und was es dabei zu beachten gibt, erfahren Sie im Kapitel 13 ab Seite 169.

Was kostet eine Stromladung?

Leider kann man die Kosten nicht genau definieren. Preise und Konditionen unterscheiden sich von Roaming-Partner zu Roaming-Partner. Daher lohnt es sich vorher, die Preise zu vergleichen. Um Sie dabei zu unterstützen, habe ich Ihnen ein paar Tipps im Abschnitt »Wie Sie beim »Preis-Wirrwarr« durchblicken« auf Seite 181 zusammengestellt.

Was sind Roaming-Partner?

Die Ladesäulenbetreiber haben zu Beginn nur ihre eigenen Ladekarten oder Apps zugelassen. Inzwischen gibt es Roaming-Angebote, mit denen sich auch Ladekarten oder Apps anderer Betreiber nutzen lassen. Daraus ergeben sich ganz unterschiedliche Preis-Konditionen. Eine übersichtliche Zusammenstellung von empfehlenswerten Roaming-Partnern finden Sie im Abschnitt »Wie Sie beim »Preis-Wirrwarr« durchblicken« auf Seite 181.

Abrechnung

Bei einigen Roaming-Partnern im Ausland kann es vorkommen, dass nach Zeit (min) oder Verbrauch (kWh) abgerechnet wird. Die Minutenabrechnung benachteiligt E-Autos, die nur langsam laden können. Bei E-Autos, die schneller laden, kann die zeitbasierte Abrechnung günstiger ausfallen als die Abrechnung, die sich am Verbrauch orientiert.

Beispiel anhand einer zeitbasierten Abrechnung

Wir führen eine Schnellladung (DC) für 0,50 €/min durch.

E-Auto	Ladeleistung	Dauer	Gesamtpreis	Geladene kWh	Preis pro kWh
Tesla Model 3	150 kW	20 Min	10 €	50 kWh	0,20 €
BMW i3	50 kW	20 Min	10 €	16,67 kWh	0,60 €

Wie Sie sehen können, bezahlt man zwar überall 10 €, erhält dafür allerdings unterschiedlich viel Strom (der Preis pro kWh ist also für jedes E-Auto unterschiedlich). In unserem Rechenbeispiel mit der zeitbasierten Abrechnung ist das Tesla Model 3 am günstigsten. (Ladekurven wurden hier nicht berücksichtigt.)

Ad-hoc-Laden

Einige Ladesäulen bieten zusätzlich zur Freischaltung per App oder Ladekarte sogenanntes »Ad-hoc-Laden«, also Laden ohne vorab bestehenden Account an. In der Regel brauchen Sie dafür nur Ihr Smartphone und Ihre Kreditkarte. An der Ladesäule finden Sie einen QR-Code, den Sie mit Ihrem Smartphone abscannen.

Abbildung 10.6: QR-Code für Ad-hoc-Laden

Dann werden Sie zu einer Website geführt, auf der Sie entweder die Zahlung mit Kreditkarte vornehmen oder die Betreiber-App herunterladen, worüber sie den Ladevorgang starten und bezahlen.

Schließlich existiert noch die Option, die Ladesäule mittels SMS freizuschalten – in diesem Fall erfolgt die Abrechnung über den Mobilfunkprovider (sofern es Ihr Mobilfunkvertrag ermöglicht).

Achtung

Das Ad-hoc-Laden ist in der Regel teurer als das Laden mit Ladekarten oder entsprechenden Apps der Anbieter (siehe Seite 169).

Tesla Supercharger-Kosten

Die Kosten für das Laden an einem Tesla Supercharger sind sehr überschaubar. Es wird schlicht und einfach nach Verbrauch abgerechnet. Aktuell sind es 0,36 € pro kWh (Stand März 2021).

Tesla verhängt allerdings eine Blockiergebühr, sobald das Auto trotz abgeschlossenem Ladevorgang den Platzplatz versperrt. Wird der Tesla innerhalb von 5 Minuten nach Abschluss des Ladevorgangs vom Ladeplatz entfernt, entstehen

Ihnen keine zusätzlichen Kosten. Die Blockiergebühren werden aber nur an Supercharger-Standorten mit mindestens 50 % Auslastung erhoben.

10.4 NÜTZLICHE TIPPS FÜR DIE NUTZUNG VON LADESÄULEN

Hier möchte ich Ihnen noch einige wertvolle Tipps für den Umgang mit Ladesäulen an die Hand geben.

Der Stecker entriegelt nicht mehr

Sollte der Stecker nicht mehr an der Ladesäule verriegelt sein, dafür aber an Ihrem Fahrzeug: Bei einigen E-Autos gibt es eine entsprechende Not-Entriegelung. Probieren Sie zuerst die Not-Entriegelung an Ihrem Fahrzeug, bevor Sie beim Betreiber anrufen (deren Hotlines sind manchmal schwer erreichbar). An der Ladesäule ist oft der Betreiber mit Telefonnummer vermerkt. Es genügt ein Anruf und eine Schilderung des Problems, und der Stecker wird aus der Ferne entsperrt.

Die Ladesäule funktioniert nicht!

Da hilft nur, bei der angegebenen Telefonnummer des Betreibers anzurufen und das Problem zu melden. Eventuell funktioniert die Ladesäule nach einem Neustart aus der Ferne wieder. Wenn das keine Abhilfe schafft, müssen Sie sich leider eine andere Ladesäule suchen.

Ladevorgang startet nicht

Ziehen Sie den Stecker am Fahrzeug, stecken ihn neu ein und durchlaufen den gesamten Authentifizierungs-Prozess von vorne. Sonst hilft hier wieder nur ein Anruf beim Betreiber und ein eventueller Neustart der Ladesäule.

Ladevorgang wurde abgebrochen

Es kann manchmal vorkommen, dass ein Ladevorgang abbricht. Das ist ärgerlich – vor allem dann, wenn ein Pauschaltarif genutzt wurde. Auch hier hilft es, sich beim Betreiber zu melden. Oft wird aus der Ferne der neue Ladevorgang kostenfrei gestartet.

Zeittarif oder kWh-Abrechnung?

Generell empfehle ich Ihnen, sich einen Tarif mit kWh-Abrechnung auszusuchen. In gewissen Fällen kann sich aber auch ein Zeittarif lohnen (siehe den Abschnitt »Abrechnung« auf Seite 131).

Ladesäule ist von einem Verbrenner zugeparkt

Wer mit einem Verbrenner auf einem Parkplatz für E-Autos steht, muss seit dem 28.04.2020 mit einem Bußgeld von 55 € rechnen. Ehe Sie jedoch hartes Geschütz auffahren, sollte Sie zunächst schauen, ob Sie sich nicht anders hinstellen und Ihr Auto trotzdem laden können.

Wenn es nicht anders geht: abschleppen lassen

Das Ordnungsamt ist sogar berechtigt, Falschparker*innen abschleppen zu lassen. Wer ganz dringend laden muss und sonst nicht mehr weiterkommt, kann Falschparker*innen auch über einen Anruf bei der zuständigen Polizei abschleppen lassen.

10.5 »LADESÄULEN-KNIGGE«

Mit folgenden »Benimmregeln« bin ich unterwegs. Ich wünsche mir die Beachtung dieser Regeln auch von anderen E-Autofahrer*innen. Schließlich sind wir – noch – eine kleine Gemeinschaft und sollten zusammenhalten und uns gegenseitig unterstützen.

Ladesäule nicht blockieren

Machen Sie bitte nach dem abgeschlossenen Ladevorgang die Ladesäule wieder frei und fahren Sie das Auto weg. Nur weil gerade kein anderes E-Auto in der Nähe ist, heißt das nicht, dass nicht demnächst jemand die Ladesäule nutzen möchte.

Laden, nicht parken

Ladeplätze sind fürs Laden vorgesehen und nicht dafür, um dort gratis zu parken! Wer nicht laden muss, parkt bitte auf einem »normalen« Parkplatz.

Blockieren Sie beim Triple Charger nicht die Schnelllader

Wenn Ihr Fahrzeug neben dem Anschluss für Wechselstrom (etwa Typ 2) auch einen für Gleichstrom hat (etwa CCS), über diesen aber nicht deutlich schneller lädt, verwenden Sie bitte den Wechselstromanschluss. Schnelllader sind dafür gedacht, schnell aufzuladen und so eine rasche Weiterfahrt zu ermöglichen.

Finger weg von Kabeln anderer

Stecken Sie niemals die Ladekabel anderer von der Ladesäule ab!

Hinweis

Manche E-Autofahrer*innen hinterlassen am Auto ihre Handynummer für den Fall, dass jemand anderes dringend laden muss. Nach einem kurzen Telefonat kommt dann meist der*die Ladende und fährt das Fahrzeug weg, um die Säule für Sie temporär freizumachen.

Einige E-Autofahrer*innen hinterlassen »Ladescheiben« im Fahrzeug (ähnlich wie Parkscheiben), die anzeigen, wie lange der Ladevorgang voraussichtlich dauert.

Rettet das Kabel!

Achten Sie darauf, nicht über die Kabel oder die Stecker einer Ladesäule zu fahren!

Ordnung muss sein

Das Kabel der Ladesäulen sollte nach dem Laden wieder aufgewickelt werden, um Stolperfallen für die nächsten Ladenden zu vermeiden. Auch sollte der Stecker wieder in der dafür vorgesehenen Buchse landen und nicht im Dreck auf dem Boden.

Hinweis

Die Kontakte des Steckers könnten durch den Aufprall am Boden oder durch Schmutz vom Boden beschädigt werden und somit auch die Kontakte des nächsten Fahrzeuganschlusses in Mitleidenschaft ziehen!

Ladesäulen sind keine Müllhalden

Oft sind die Mülleimer an den Ladesäulen voll oder fehlen ganz. Lassen Sie Ihren Müll trotzdem nicht dort liegen, sondern nehmen Sie ihn mit und entsorgen ihn bei der nächsten Möglichkeit ordnungsgemäß.

Melden Sie defekte Säulen

Wenn Sie einen Defekt an einer Ladesäule feststellen, melden Sie es dem jeweiligen Betreiber. Meist steht die Telefonnummer an der Säule (alternativ schlagen Sie schnell online nach). Das Melden des Defektes hilft auch hier wieder jenen, die nach Ihnen laden wollen.

Hinweis

Ein verdreckter Kontakt, eine lose Isolierung oder ein defekter Stecker können nur über eine Sichtprüfung vor Ort gemeldet werden. Das ist Ihre Aufgabe als E-Autofahrer*in.

11 WANN LÄDT MAN SEIN E-AUTO?

Eine häufig gestellte Frage ist: »Muss ich extra zur Ladesäule fahren und da warten, bis das Auto voll ist?« In der Regel steht der eigene PKW 90 % des Tages sowieso nur herum – entweder zu Hause oder am Arbeitsplatz. Daher liegt die Idee nahe, hier zu laden – dann kommt es auch nicht mehr darauf an, wie lange man laden muss, bis der Akku voll ist.

Am optimalsten ist es, wenn Sie zu Hause laden können. Leider wohnt ein Großteil der Deutschen in Mietwohnungen, oft in einem Mehrparteienhaus. Auch wenn dort mittlerweile von gesetzlicher Seite die Installation einer Wallbox unterstützt wird, fehlt es doch häufig am nötigen Stellplatz.

11.1 NUR UNTERWEGS LADEN

Wenn Sie zu Hause oder am Arbeitsplatz keine Möglichkeit zum Laden haben, können Sie auch unterwegs laden – etwa beim Einkaufen. Vielleicht müssen Sie dann die ein oder andere Minute länger an der Ladesäule verweilen, womöglich ist Ihnen aber diese »Entschleunigung« in der Alltagshektik auch ganz willkommen. Auf längeren Strecken sollten Sie zum Laden das bereits erwähnte High Power Charging (HPC) nutzen, damit sich die Ladezeit nicht unnötig zieht.

Zur Veranschaulichung folgt hier ein Rechenbeispiel (100 kW Ladeleistung bedeutet: Sie könnten 100 kWh in einer Stunde laden).

Rechenbeispiel

Angenommen, Sie erreichen eine Schnellladesäule mit 20 % SoC und möchten mit 80 % SoC weiterfahren.

- Der Akku hat insgesamt eine Kapazität von 58 kWh.
- Das Fahrzeug kann mit max. 100 kW mit DC geladen werden.

Wie schnell laden wir pro Minute?

Ladeleistung/60 Minuten = Ladeleistung pro Minute, also:
100 kW/60 min = 1,67 kW/min

Wie viel sind 60 % von 58 kWh?

58 kWh × 0,6 = 34,8 kWh

Ladezeit des Akkus von 20 % auf 80 % SoC

Differenz/Ladeleistung pro Minute = Ladezeit, bis 80 % SoC erreicht ist, also:
34,8 kW/1,67 kW/min = 20 Minuten und 50 Sekunden

Sie haben also in 20 Minuten und 50 Sekunden den Akku wieder auf 80 % geladen – das reicht manchmal gerade so für eine Tasse Kaffee oder ein Brötchen am Rasthof. (In diesem Rechenbeispiel vernachlässige ich den Effekt, dass die Ladeleistung erst aufgebaut werden muss. Realistisch betrachtet liegt die Ladezeit eher bei 25 Minuten.)

11.2 BEIM EINKAUFEN LADEN: ALDI, LIDL, EDEKA, IKEA USW.

Oft bieten Supermärkte, Discounter und Einrichtungshäuser Lademöglichkeiten für ihre Kund*innen an. Das lässt sich super kombinieren: vor dem Einkaufen das Auto an die Ladesäule stecken und gemütlich durch den Laden schlendern. Natürlich ist das auch der Grund, warum Supermärkte und Discounter Lademöglichkeiten oft kostenlos anbieten: Die Kund*innen sollen etwas länger im Geschäft verweilen.

Zur Veranschaulichung noch einmal ein Rechenbeispiel für das Laden beim Einkaufen:

Rechenbeispiel

Angenommen, Sie verbringen 20 Minuten in einem Supermarkt. Ihr Fahrzeug hat einen Durchschnittsverbrauch von 16 kWh/100 km und lädt mit 22 kW.

Wie viel kWh laden Sie in einer Minute?
Ladeleistung/60 Minuten = kWh pro 1 min, also:
22 kW/60 min = 0,37 kWh/1 min

Wie viel kWh können Sie während der 20 Minuten Einkaufen laden?
kWh pro Minute × Zeit in Minuten = geladene kWh, also:
0,37 kWh × 20 min = 7,4 kWh

Wie viel Reichweite ergibt 1 kWh?
100 km/Durchschnittsverbrauch (in kWh), also:
100 km/16 kWh = 6,25 km

Wie viel Reichweite haben Sie gewonnen?
Reichweite pro 1 kWh × geladene kWh = »geladene« Reichweite, also:
6,25 km × 7,4 kWh = 46,25 km

Während des Einkaufens können Sie 7,4 kWh laden, das entspricht 46 km an Reichweite.

In der Regel ist die nächste Einkaufsmöglichkeit keine 50 km entfernt. Sie kommen also immer mit mehr Reichweite nach Hause, als Sie beim Losfahren hatten.

11.3 BEI AUSFLÜGEN LADEN

Jeder plant mal einen Ausflug in den Tierpark, zum Outlet oder zum Bummeln in eine andere Stadt. Hier ist die zurückgelegte Strecke natürlich länger als die Fahrt zum nächsten Einkaufcenter. Trotzdem werden Sie nicht auf dem Heimweg laden müssen (es sei denn, die Fahrstrecke beträgt mehr als 200 km). Denn am Ziel Ihres Ausflugs werden Sie sich länger aufhalten als etwa im Aldi – im Durchschnitt drei bis vier Stunden, vielleicht sogar länger. Daher ist es optimal, diese Zeit, die das Fahrzeug sowieso herumsteht, auch mit dem Laden des Akkus zu verbinden.

Ein Beispiel: Ich und meine Familie fahren mit einer Renault ZOE von Hannover zum Tierpark Hagenbeck in Hamburg.

Rechenbeispiel

Laut Google Maps sind das über die A7 160 km Fahrstrecke. Der Durchschnittsverbrauch der ZOE liegt bei entsprechender Fahrweise bei 18 kWh/100 km. Wir starten mit 90 % SoC, das entspricht 36,9 kWh (Gesamtakkukapazität: 41 kWh).

Wie viel kWh werden für die Strecke benötigt?

Durchschnittsverbrauch × Strecke = Verbrauch für eine Strecke, also:

18 kWh/100 km × 1,6 (160 km Strecke) = 28,8 kWh

Das heißt, wir kommen mit einer Restkapazität von 10,8 kWh an. Im Umkehrschluss bedeutet das, dass wir gezwungen wären, auf dem Rückweg einen Ladestopp einzulegen, um nach Hause zu gelangen.

Glücklicherweise gibt es am Tierpark Hagenbeck eine Ladesäule mit zwei Typ 2-Anschlüssen. Ein Typ 2-Anschluss mit 22 kW, der andere mit 11 kW Ladeleistung. Nehmen wir an, dass der 22 kW-Anschluss belegt ist: Somit steht uns noch der Anschluss mit 11 kW zur Verfügung, den wir auch nutzen. Wir rechnen mit einem Aufenthalt von vier Stunden im Tierpark Hagenbeck.

Rechenbeispiel

Ladeleistung: 11 kW, Aufenthaltsdauer: 4 h

Wie viel kWh laden wir während unseres Aufenthaltes?

Aufenthaltsdauer × Ladeleistung = geladene kWh, also:
4 h × 11 kW = 44 kWh

Wir würden also 44 kWh nachladen, theoretisch, denn: Da wir mit 10,8 kWh Restkapazität an der Ladesäule angekommen und unser Akku nur 41 kWh fasst, können wir maximal 30,2 kWh nachladen. Somit hat der Akku bereits nach 2 Stunden und 45 Minuten 100 % (41 kWh) erreicht. Für den Akku ist das kein Problem, weil die Weiterfahrt bald erfolgt.

Wie Sie noch einfacher einen Ausflug inklusive Zwischenladungen planen, verrate ich Ihnen im Kapitel 15 »Tipps zur Reiseplanung« ab Seite 199.

11.4 ZU HAUSE LADEN

Sie können Ihr Fahrzeug zu Hause laden? Klasse! So sollte Elektromobilität für alle funktionieren! Und im besten Falle beziehen Sie den Strom für das Laden des Autos aus den eigenen Photovoltaikanlagen auf dem Dach.

Aber vermutlich haben Sie eine Haushaltssteckdose oder eine CEE-Dose. Im besten Fall besitzen Sie eine Wallbox (dazu mehr im nächsten Kapitel ab Seite 147).

Sie kommen also nach Hause, schließen Ihr Auto an die Ladestelle an, und am nächsten Morgen ist Ihr Fahrzeug wieder auf 100 % geladen. Die ganze Prozedur des Ladens wiederholen Sie tagtäglich, es wird zur Routine und ist kein Mehraufwand. Absolut nicht!

Bedenken Sie nur: Sie brauchen nicht zur Tankstelle fahren, keine stinkende Zapfpistole in die Hand zu nehmen (die lange nach dem Tanken noch nach Benzin riecht) und sich nicht zum Bezahlen anstellen. Und wenn Sie den Ladestrom aus der Photovoltaik beziehen, entfallen sämtliche Kosten.

Für alle Skeptiker*innen hier wieder ein Rechenbeispiel:

Rechenbeispiel

Sie kommen um 18:00 Uhr nach Hause. Sie stecken Ihr Fahrzeug an eine Wallbox mit 11 kW Ladeleistung an. Am nächsten Morgen müssen Sie um 07:30 Uhr losfahren. Sie fahren 50 km am Tag. Ihr Fahrzeug hat eine Akkukapazität von 50 kWh. Ihr Durchschnittsverbrauch ist 18 kWh/100 km.

Wie viel kWh werden für die tägliche Fahrt verbraucht?

Durchschnittsverbrauch/100 × tägliche Fahrstrecke, also:
18 kWh/100 km = 0,18 kWh/km × 50 km = **9 kWh/50 km**

Wie lange brauchen Sie, um diese 9 kWh wieder nachzuladen?

Ladeleistung/60 min (min) = Ladeleistung pro Minute, also:
11 kW/60 min = **0,18 kW/min**
Verbrauchte kWh pro Tag/Ladeleistung pro Minute, also:
9 kWh/0,18 kW/min = **50 Minuten**

Das bedeutet, Sie können die verbrauchte Energie innerhalb von 50 Minuten wieder in den Akku laden.

Hinweis

Für den Einstieg in die Elektromobilität muss es nicht gleich eine Wallbox oder eine CEE-Dose sein. Eine normale Schuko-Steckdose genügt. Doch Obacht: Das dauerhafte Laden an einer Haushaltssteckdose kann zu einer starken Erwärmung, im schlimmsten Fall sogar zu Kabelbränden führen!

Tipps für das Laden als Mieter*in

Als Mieter in einem Mehrparteienhaus ohne geeignete Stellplätze hat man leider fast keine Möglichkeit, zu Hause zu laden. Folgende Tipps habe ich für Sie:

- Nutzen Sie jede Lademöglichkeit, die sich Ihnen bietet, wenn Sie unterwegs sind! Sie möchten Ihren Wocheneinkauf erledigen: Fahren Sie zum nächstgelegenen Supermarkt/Discounter mit einer Lademöglichkeit.
- Sie gehen in ein bekanntes schwedisches Möbelhaus: Nutzen Sie die dortigen Ladesäulen.
- Sie machen einen Ausflug: Schauen Sie vorab nach Lademöglichkeiten an Ihrem Zielort und laden Sie Ihr Auto, während Sie Ihren Aktivitäten nachgehen.
- Wenn Sie von längeren Strecken nach Hause kommen, versuchen Sie an der letzten Schnellllademöglichkeit den Akku soweit zu laden, dass Sie mit mindestens 40 % Akkukapazität zu Hause ankommen.
- Sie besuchen Freund*innen oder Familie mit einem eigenen Haus: Fragen Sie, ob Sie ein bisschen Strom zapfen dürfen. Als nette Geste bringen Sie beispielsweise einen Kasten Bier, das Grillfleisch oder einen Kuchen mit. Ihnen fällt da schon etwas ein.
- Sie fahren in eine fremde Stadt und übernachten im Hotel: Fragen Sie vorher, ob Sie Ihr Auto dort laden dürfen.

Hinweis

Lange war das Laden von E-Autos für Personen, die zur Miete wohnen oder eine Wohnung in einer Wohnungseigentümer*innengemeinschaft besitzen, nicht ohne Weiteres möglich. Nun ist Ende 2020 das »Wohnungseigentumsmodernisierungsgesetz« (WEMoG) in Kraft getreten.

Mit diesem Gesetz kann jede*r Wohnungseigentümer*in eine Genehmigung für den Einbau einer Wallbox in der Tiefgarage oder am Stellplatz verlangen. Die Mitglieder der Wohnungseigentümer*innengemeinschaft können dies nicht mehr generell ablehnen, sondern lediglich über die Art der Durchführung der Baumaßnahmen mitbestimmen.

Das gleiche gilt auch für Mieter*innen ohne Eigentum. Durch Anpassungen und Harmonisierungen des Mietrechtes ist es für sie deutlich einfacher geworden, eine Wallbox installieren zu lassen.

Näheres zur Vorgehensweise finden Sie im Kapitel 12, »Laden im Mehrfamilienhaus« auf Seite 164.

12 WALLBOX ERKLÄRT

Eine Wallbox oder auch »Wandladestation« hängt, wie der Name schon sagt, meist an einer Wand und ist dort mit der Stromversorgung des Hausanschlusses verbunden. Sie erlaubt es Ihnen, Ihr E-Auto zu Hause oder am Stellplatz zu laden. Die Wallbox kann sowohl im Innen- als auch im Außenbereich angebracht werden. Es ist durchaus sinnvoll, eine Wallbox zu installieren, sparen Sie sich so doch das »Mal-eben-Laden-fahren«. Stattdessen laden Sie Ihr Auto quasi über Nacht.

Die Wallbox stellt nicht nur die entsprechende Steckerverbindung (in Deutschland meist Typ 2) für Ihr Auto bereit, sondern übernimmt auch die Kommunikation mit dem Ladegerät des Fahrzeuges. Diese würde sonst über die ICCB stattfinden (siehe den Abschnitt »Stecker für die Haushaltssteckdose mit Typ 2-Stecker« auf Seite 104). In den meisten Fällen ist die Wallbox an einen separaten Drehstromanschluss angeschlossen, womit sich – theoretisch – eine maximale Ladeleistung von bis zu 44 kW erreichen ließe. In der Praxis werden jedoch für den privaten Einsatz nur Anschlüsse bis 22 kW genehmigt.

Hinweis

Weiter hinten in diesem Kapitel finden Sie den Abschnitt »Checkliste: Welche Wallbox ist für mich am sinnvollsten?« auf Seite 167. Dort habe ich Wallboxen nach ihrer Platzierung in einem aktuellen Test aufgeführt.

Abbildung 12.1: Wallbox von HEIDELBERG

Wichtig

Die Installation einer Wallbox muss von einer Elektrofachkraft durchgeführt, beim lokalen Netzbetreiber angemeldet und jenseits von 11 kW auch genehmigt werden! Mehr dazu erfahren Sie im Abschnitt »Genehmigung« auf Seite 162.

Weiter hinten im Kapitel finden Sie eine Checkliste mit Kriterien, die Sie für den Kauf einer Wallbox beachten sollten (Absatz »Checkliste: Welche Wallbox ist für mich am sinnvollsten?« auf Seite 167).

12.1 WARUM NICHT EINFACH AN EINER STECKDOSE LADEN?

Haushaltssteckdosen sind nicht für so hohe Dauerlasten ausgelegt, wie sie beim Laden eines E-Auto-Akkus entstehen. Eine Wallbox bietet dank ihrer integrierten Schutzschalter eine höhere Sicherheit.

Trotzdem muss es für den Einstieg in die Elektromobilität nicht gleich eine Wallbox sein. Es reicht zunächst auch eine Schuko-Steckdose. Ich selbst lade aktuell bereits mehrere Monate mein Auto an der Steckdose. Die Stromstärke ist auf 10 A reguliert und das Auto nicht dauerhaft angesteckt. Manchmal lade ich einen Tag voll. Dann stecke ich das Auto ab, und das reicht mir dann für den Rest der Woche. Aktuell warte ich auf eine*n Elektriker*in, der*die mir eine Wallbox installiert.

Hinweis

Das dauerhafte Laden an einer Haushaltssteckdose kann zu einer starken Erwärmung, im schlimmsten Fall sogar zu Kabelbränden führen!

12.2 KOSTENKONTROLLE UND ERSPARNIS

Einige Wallboxen ermöglichen das Einstellen von Parametern: zum Beispiel, wann der Strom für das E-Auto bezogen werden soll. So kann man beispielsweise einen Zeitraum wählen, in dem der Strom besonders günstig ist oder die eigene Photovoltaikanlage am meisten Strom vom Himmel holt.

Ein solches System nennt man auch »Energiemanagementsystem«.

12.3 WALLBOX UND PHOTOVOLTAIK

Das Laden des E-Autos an der eigenen Photovoltaikanlage lohnt sich! Eine 8 kWh-Anlage beispielsweise ist dazu imstande, bis zu 8.000 kWh Strom im Jahr liefern. Angenommen, der Verbrauch Ihres E-Autos liegt bei 18 kWh/100 km: Dann können Sie pro Monat 2.466 km komplett emissionsfrei fahren – und das quasi kostenlos!

Hinweis

Ihre Wallbox arbeitet mit Wechselstrom. Da Photovoltaikanlagen Gleichstrom erzeugen, muss dieser für die Wallbox erst durch einen Wechselrichter laufen (wie den, an dem auch Ihr Hausnetz hängt).

Auch die steigenden Stromkosten und die sinkenden Einspeisevergütungen für selbsterzeugten Solarstrom machen es lohnenswert, Ihr Auto mit Energie aus der Photovoltaikanlage zu laden:

- Die Einspeisevergütung für eine nach dem 01.01.2021 in Betrieb genommene neue PV-Anlage mit einer Leistung von bis zu 10 kWp liegt bei 8,16 ct/kWh (*bit.ly/3t5bAM5*).
- Der durchschnittliche Strompreis betrug laut Bundesnetzagentur im Jahr 2020 30,91 ct/kWh.

Rechenbeispiel

Sie möchten Ihren Opel Corsa-e (50 kWh-Akku) sowohl mit Strom aus Ihrer PV-Anlage als auch mit Strom aus dem regulären Stromnetz laden.

Ladekosten mit dem Strom aus der PV-Anlage
Akkukapazität × Einspeisevergütung der PV-Anlage, also:
50 kWh × 0,0816 € = 4,08 €

Ladekosten mit dem Strom aus dem örtlichen Netz
Akkukapazität × Strompreis vom Stromnetz, also:
50 kWh × 0,3091 € = 15,46 €

Sie sparen also beim Laden mit Strom aus der eigenen PV-Anlage 73,61 %.

12.4 LADEVERLUSTE?

Kein Ladevorgang findet mit hundertprozentiger Effizienz statt. Zum einen, weil durch den elektrischen Widerstand von Leitungen und Wandlern immer Wärmeverluste entstehen, zum anderen, weil für den Ladevorgang Steuergeräte im Fahrzeug aktiv bleiben, die ihrerseits Leistung benötigen.

Das Laden an einer Wallbox weist einen höheren Wirkungsgrad auf als das Laden an einer Haushaltssteckdose. Ein Beispiel: Daimler gibt für den Smart Fortwo EQ einen Verbrauch von 12,9 kWh/100 km an, wenn dieser an einer 22 kW-Wallbox lädt. Lädt der gleiche Smart an einer Haushaltssteckdose, steigt der Verbrauch auf 18 kWh/100 km. Das sind gut 5 kWh/100 km Differenz bzw. Ladeverlust!

Rechenbeispiel

Nehmen wir an, der Smart fährt 15.000 km im Jahr.

Wie viel kostet Sie der Ladeverlust pro Jahr?
Ladeverlust × Laufleistung im Jahr × Strompreis
5 kWh/100km × 150 km × 0,31 € = 232,50 €

Das ist bares Geld, das sprichwörtlich verpufft. Und zwar in Abwärme!

12.5 AUFBAU EINER WALLBOX

Die meisten Wallboxen besitzen ein Kabel mit einem Typ 2-Anschlussstecker. Es gibt aber auch Varianten mit zwei Kabeln, so dass Sie zwei E-Autos gleichzeitig laden können. Manche Wallboxen haben kein fest installiertes Kabel. Dieses müssen Sie sich dann dazukaufen.

Der Großteil der Wallboxen besitzt zumindest eine LED-Anzeige, die den Status des Ladevorgangs oder etwaige Fehler anzeigt. In der Wallbox regelt der »Electric Vehicle Charge Controller« die Kommunikation mit Ihrem E-Auto. Er bestimmt den Ladevorgang und die Ladeleistung. Zusätzliche Schutzvorrichtungen erkennen Fehlerströme und schalten die Wallbox ab, was Sie und Ihr E-Auto vor gefährlichen Stromunfällen schützt.

Hinweis

Oft muss bei Installation der Wallbox ein zusätzlicher Fehlerstromschutzschalter (FI Typ B bzw. Typ EV) in Ihrem Sicherungskasten montiert werden. Ein solcher Schalter kostet im Schnitt um die 300 € zuzüglich der Installationskosten.

Wallboxen, die direkt von Stromanbietern stammen, besitzen häufig Antennen oder Modems, über die Abrechnungsdaten übermittelt werden. Manche Geräte können dank Ethernet-Anschluss in ein Netzwerk integriert und schließlich online bedient werden, etwa über eine Smartphone-App.

In manchen Fällen werden Sie den Zugang zur Wallbox beschränken wollen, z. B. wenn sie frei zugänglich ist. Dafür gibt es Modelle mit Schlüsselschalter oder RFID-Leser. Sie schalten die Wallbox dann mittels eines RFID-Transponders oder einer RFID-Karte für die Ladung frei.

Abbildung 12.2: Schlüsselschalter (Quelle: Wikimedia, bit.ly/3l4YwU9)

Abbildung 12.3: RFID-Transponder

12.6 ARTEN VON WALLBOXEN

Anfangs gab es nur Wallboxen, die für eine stationäre Installation vorgesehen waren. Mittlerweile haben sich aber auch einige Hersteller auf mobile Wallboxen spezialisiert.

Hinweis

Auf Seite 167 finden Sie den Abschnitt »Checkliste: Welche Wallbox ist für mich am sinnvollsten?«. Dort habe ich Wallboxen nach ihrer Platzierung in einem aktuellen Test aufgeführt.

Fest installierte Wallboxen

Die kleinste verfügbare Wallbox wird an das 230V/16A Hausstromnetz angeschlossen. Mit dieser Variante kann man nur einphasig bis zu 3,6kW beziehen. Die Wallbox mit der größten Leistung kann bis zu 2×22kW abgeben (hat also zwei Anschlüssen zum Laden zweier Fahrzeuge), findet aber kaum Verwendung.

Die häufigste Art privat verwendeter Wallboxen weist eine Leistung von 11kW auf und wird an Drehstrom angeschlossen (3×230V/16A). Diese Anschlussleistung besitzt fast jeder Haushalt, Elektroherde beispielsweise werden mit der gleichen Leistung betrieben.

12.7 MOBILE WALLBOXEN (MOBILE LADESTATIONEN)

»Mobile Wallboxen« – klingt komisch, gibt's aber! Im Prinzip steckt die gesamte Technik einer Wallbox in einer kleinen transportablen Box mit einem fahrzeugseitigen und einem netzseitigen Stecker für den Stromanschluss.

JUICE BOOSTER 2, Juice Technology AG

Der JUICE BOOSTER (ADAC-Testsieger 09/2019) ist die kleinste und sicherste mobile 22 kW-Lademöglichkeit für E-Autos mit Typ 2-Anschluss (es gibt ihn allerdings auch mit einem Typ 1-Stecker). Natürlich kann der JUICE BOOSTER auch an einem Fahrzeug mit CCS-Buchse genutzt werden, da deren oberer Teil eine Typ 2-Buchse ist (siehe dazu den Abschnitt Seite 107).

Abbildung 12.4: JUICE BOOSTER 2 (Quelle: bit.ly/3lb0e6M)

Der JUICE BOOSTER weist eine 3-in-1-Funktionalität auf. Er kann zusätzlich zur mobilen Ladestation auch als Wallbox (mit Wandhalterung) oder als Typ 2-Kabel (mit Typ 2-Adapter) verwendet werden.

Ladeleistung

- AC ein- bis dreiphasig, von 1,4 kW bis 22 kW Ladeleistung, 6 bis 32 A

Besondere Eigenschaften

- komplett wasserdicht nach IP67
- überfahrsicheres Aluminiumgehäuse (3 Tonnen Radlast)
- von –25 °C bis 45 °C betriebsbereit
- vollste Sicherheit nach aktuellen Normen
- integrierte Gleichstrom-Fehlererkennung

- zahlreiche länderspezifische Adapter
- Adapterkupplung mit automatischer Erkennung des Adapters
- auch als Wallbox verwendbar (mit Wandhalterung)
- kann auch als Typ 2-Kabel verwendet werden

Kabellänge

- 1,4 m auf Netzseite
- 3,1 m auf Fahrzeugseite

Gewicht

- nur das Gehäuse: 1 kg
- Gehäuse mit Kabel: 3,2 kg

Preise (Stand Dezember 2020)

- Basic Set beginnt bei 979 €
- German Traveller Set: 1.109 €
- Europe Traveller Set: 1.389 €

Mit dem JUICE BOOSTER ist es fast unmöglich, mit leerem Akku liegen zu bleiben. Überall, wo Strom und Steckdosen verfügbar sind, können Sie Ihr E-Auto laden. Juice Technology vertreibt zusätzlich jede Menge Adapter für die Netzseite des JUICE BOOSTERs, die es ermöglichen, an nahezu jedem Ort zu laden. Es gibt Adapter speziell für den europäischen, amerikanischen oder auch australischen Markt.

Aus meiner Sicht ist der JUICE BOOSTER der König unter den mobilen Lademöglichkeiten. Das hat dann auch seinen Preis.

Hinweis

Ich konnte für meine Leser*innen einen exklusiven Rabatt für den JUICE BOOSTER aushandeln, den Sie erhalten, wenn Sie über den Link *www.juice-world.com/eautoerklaert* bestellen.

NRGkick, DiniTech

Der NRGkick ist ähnlich aufgebaut wie der JUICE BOOSTER. Sie können ihn sich auf der Website (*bit.ly/33dsj58*) individuell zusammenstellen lassen. Oder Sie wählen ein vorkonfiguriertes Set.

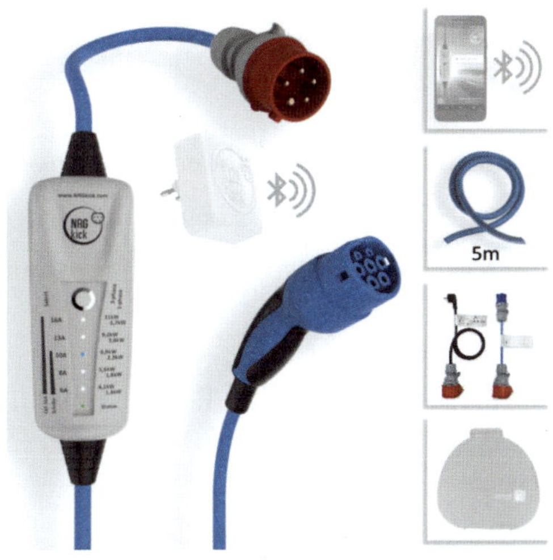

Abbildung 12.5: Der NRGkick im Konfigurator auf www.nrgkick.com (Quelle: bit.ly/3exdS2A)

Selbstprüfungen und Diagnosen führt der NRGkick eigenständig durch, sobald er an ein Stromnetz angeschlossen wird. Anhand der speziell entwickelten Adapter erkennt der NRGkick automatisch die am Anschluss maximal verfügbare Ladeleistung. Des Weiteren verfügt er über einen Diebstahl- und Manipulationsschutz. Der Stecker kann erst abgesteckt werden, wenn er am E-Auto entriegelt wurde.

Über die App sieht man nicht nur den Ladestand des E-Autos, sondern man kann auch den NRGkick über die zugehörige App beliebig steuern. So lässt sich die Ladeleistung des E-Autos abrufen und in 1 A-Schritten einstellen.

Ladeleistung

- AC ein- bis dreiphasig, von 11 kW bis 22 kW Ladeleistung, bis zu 32 A

Besondere Eigenschaften

- wasserdicht nach IP66
- Adapterset für CEE und Schukodosen
- automatische Adaptererkennung
- NRGkick Connect – ermöglicht Zugriff auf Smart Features wie:
  - Photovoltaik – geführtes Laden
  - monatliche Ladeberichte

   - zeitgesteuertes Laden
   - WLAN und Bluetooth
   - Alexa-Sprachsteuerung
   - u.v.a.m.

- Bluetooth, für Smartphone Steuerung
- von –30 °C bis +50 °C betriebsbereit
- integrierte Gleichstrom-Fehlererkennung

Kabellänge

- 5 m netzseitig oder wahlweise 7 m fahrzeugseitig

Gewicht

- Gewicht inkl. 5 m Kabel: ca. 4,2 kg

Preise (**Stand Dezember 2020**)

- in der günstigsten Zusammenstellung ab 699,90 €
- meine Empfehlung: 1.282,90 € (Typ 2-Stecker, 32 A, 5 m Kabellänge, inkl. Bluetooth, inkl. Adapterset, inkl. Transporttasche, inkl. NRGkick Connect)
- in der Vollausstattung: 1.584,97 €

go-eCharger HOME+, go-e

Der go-eCharger HOME+ ist im Prinzip eine kompakte Wallbox. Die mitgelieferte Wandhalterung ermöglicht das schnelle Auf- und Abstecken, was ihn zum mobilen Ladegerät macht (*bit.ly/3wPO091*).

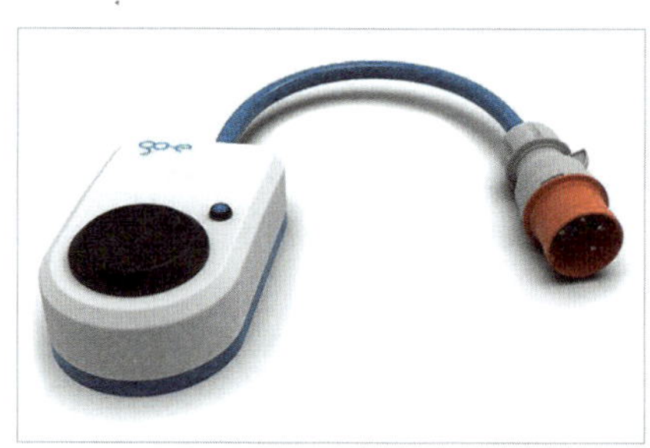

Abbildung 12.6: go-eCharger HOME+ (Quelle: bit.ly/3rBFZ4n)

Mit dem go-eCharger HOME+ können Sie überall dort laden, wo es Wechsel- und Drehstrom gibt. Er besitzt einen Typ 2-Anschluss zum Verbinden mit Typ 2-Steckern (auch Typ 1 mittels Adapter oder Spezialkabel).

Ladeleistung

- AC ein-, zwei- und dreiphasig, von 1,4 kW bis 22 kW Ladeleistung, mit bis zu 32 A

Besondere Eigenschaften

- IP54 (Schutz vor Schmutz und Wasser; für den dauerhaften Betrieb im Freien geeignet)
- Montiert ist das Ladegerät gegen Spritzwasser geschützt und trotzt somit starken Regenfällen.
- auch als Wallbox verwendbar (dank mitgelieferter Wandhalterung)
- Status-Anzeige über LED-Ring und in der App
- Ladeleistung am Gerät und in der App einstellbar
- App für Android & iOS
- Verbindungsmöglichkeit über WLAN und Hotspot (Zugriff über das Internet)
- Ladekontrolle mit Informationen über aktuelle Ladung und Ladehistorie
- Gehäuse besteht aus Hochleistungskunststoff (ASA); UV-beständig und schlagfest
- volle Sicherheit nach aktuellen Normen
- integrierte Gleichstrom-Fehlererkennung
- zusätzliche Adapter
- automatische Adaptererkennung und Typ 2-Kabelerkennung
- einfachste Installation auch ohne Elektriker*in für alle in Europa gängigen Steckdosen
- Lastmanagement
- RFID-Freischaltung
- personalisierbar (Nutzer*innenkonten mit monatlicher Verbrauchsübersicht mit RFID-Karten)

- Timer (Einstellung der Ladezeit mit Start und Stopp sowie der Wochentage und Uhrzeiten)
- Photovoltaik (Nutzung des überschüssigen Solarstroms zur Ladung. Benötigt API-Anbindung oder go-eController)
- Öko-Eco Funktion (Ökologisch und ökonomisch sinnvolle Verwendung von Energie durch Anbindung an die Strompreisbörse)
- Smart Home-fähig (Ansteuerbar über Smart Home-Geräte wie Alexa von Amazon oder den go-eController)
- updatefähig (Updates per Fernwartung möglich)

Kabellänge

- 30 cm an der Netzseite
- variable Kabellänge an der Fahrzeugseite

Gewicht

- ca. 2 kg

Preise (Stand Dezember 2020)

- go-eCharger HOME+ 11 kW ab 679 €
- 3-teiliges Adapterset CEE 16A (rot & blau) Schutzkontaktstecker: 79,90 €
- 22 kW Typ 2-Kabel: 179 €/229 €/279 € (2,5 m/5 m/7,5 m)

Achtung

Der go-eCharger HOME+ hat kein fest installiertes Typ 2-Kabel. Dieses muss zusätzlich erworben werden.

12.8 WAS MUSS ICH BEIM KAUF EINER WALLBOX BEACHTEN?

Beim Kauf einer Wallbox muss man so einiges beachten, woran man im Vorfeld gar nicht denkt. Deshalb habe ich hier einige Punkte aufgelistet, die die relevanten Fragen beantworten.

Schutz vor Sonne und Regen

Achten Sie auf die Schutzart für das Gehäuse. Gängig ist zurzeit IP44. Es gibt inzwischen aber auch viele Wallboxen, die einen IP54-Schutz aufweisen. IP44 bietet einen Schutz gegen Spritzwasser und das Eindringen von Insekten.

Hinweis

Die Bezeichnung der Schutzklassen setzt sich am Beispiel »IP54« wie folgt zusammen:

- Kennziffer 5 (schützt gegen Staub, ist aber nicht komplett staubdicht)
- Kennziffer 4 (schützt gegen allseitiges Spritzwasser)

Kompatibilität von Wallbox-Stecker und E-Auto

Achten Sie unbedingt darauf, dass die Wallbox den gleichen Stecker wie Ihr E-Auto hat. In Deutschland hat sich der Typ 2-Stecker durchgesetzt. Es gibt aber natürlich auch Fahrzeuge aus dem japanischen Markt, die diesen Anschluss nicht besitzen.

Ladekabellänge

Wenn Sie sich für eine Wallbox mit installiertem Ladekabel entscheiden, sollten Sie sich bereits vor dem Kauf überlegen, welche Länge Sie benötigen. Die Kabellänge kann z. B. von den räumlichen Gegebenheiten abhängig sein.

Üblich sind Wallboxen mit Ladekabeln von 5 m Länge. Es gibt auch Wallboxen, die ein 7,5 Meter langes Ladekabel vorweisen – diese sind in der Anschaffung allerdings etwas teurer.

Sicherheitsabstand zu anderen Geräten

Die Wallbox darf nicht in der Nähe von leicht entflammbaren, brennbaren oder explosiven Teilen installiert werden. Die vorgesehenen Mindestsicherheitsabstände finden Sie in der Montageanleitung der Wallbox.

Ladeleistung

Beachten Sie beim Kauf einer Wallbox neben der maximalen Ladeleistung Ihres E-Autos auch die Technischen Anschlussbedingungen (TAB) Ihres Netzbetreibers. Klingt komisch, ist aber so: wenn Ihr E-Auto nur mit 7,4 kW (AC) geladen werden kann, brauchen Sie eine 22 kW-Wallbox (AC), um diese 7,4 kW Ladeleistung auch zu erreichen (mit einer 11 kW-Wallbox kämen Sie nur auf 3,6 kW). – Am besten, Sie fragen beim Kundensupport Ihres Netzbetreibers nach.

Genehmigung

Wallboxen müssen immer dem örtlichen Netzbetreiber gemeldet werden. So kann er abschätzen, wie hoch die lokale Strombelastung ausfallen wird und gegebenenfalls Maßnahmen einleiten, die eine stabile Versorgung des Netzes ermöglichen.

Hinweis

Bei Installation einer Wallbox mit einer Ladeleistung größer als 11 kW muss die Zustimmung des Netzbetreibers eingeholt werden. Deshalb empfehle ich Ihnen Wallboxen mit einer Ladeleistung von maximal 11 kW. Sie reicht in den meisten Fällen vollkommen aus – in 6 Stunden lassen sich 66 kWh in den Fahrzeug-Akku laden.

12.9 WAS IST INTEGRIERTES LASTMANAGEMENT?

Wenn man mehrere E-Autos an einem Standort laden möchte und die zur Verfügung stehende Leistung nicht für das gleichzeitige Laden aller ausreicht, braucht man ein Lastmanagementsystem. Es sorgt dafür, dass die verfügbare Leistung optimal auf alle Elektrofahrzeuge verteilt wird. Somit werden Lastspitzen und Investitionskosten für den Ausbau des Netzanschlusses vermieden.

Nachfolgend eine Liste der unterschiedlichen Arten des Lastmanagements:

- **Statisches Lastmanagement**
  Die verfügbare Ladeleistung bleibt unverändert, egal, wie viel die einzelnen E-Autos laden können.

- **Dynamisches Lastmanagement**
  Die verfügbare Ladeleistung passt sich dem Stromverbrauch des Gebäudes an. Wird mehr Strom vom Gebäude bezogen, steht weniger Leistung für die E-Autos zur Verfügung. Benötigt hingegen das Gebäude wenig Strom, erhalten die E-Autos mehr Ladeleistung.

- **Fahrplanbasiertes Lastmanagement**
  Streng genommen handelt es sich hier nicht um Lastmanagement, sondern um eine Methode zur Lastverteilung. Es gibt im Wesentlichen zwei Verfahren:

- Parallel: Die verfügbare Leistung (statisch oder dynamisch) wird gleichmäßig über alle ladenden Fahrzeuge verteilt.
- Sequentiell: Den Fahrzeugen wird in rollierenden Zeitabschnitten jeweils die volle Leistung zur Verfügung gestellt. Dabei laden nie alle Fahrzeuge gleichzeitig, wenn die verfügbare Leistung hierfür nicht ausreicht. Auch hier kann die Einteilung der verfügbaren Leistung statisch oder dynamisch erfolgen. Bei beiden Methoden können je nach System einzelne Ladepunkte priorisiert werden, etwa über besondere RFID-Karten oder über eine vorangehende Konfiguration.

12.10 LADEN IM MEHRFAMILIENHAUS

Seit Ende 2020 kann jede*r Wohneigentümer*in oder Mieter*in eine Lademöglichkeit in der Tiefgarage oder am Stellplatz auf dem Gelände der Wohnanlage ohne zusätzliche Zustimmung der Wohnungseigentümer*innengemeinschaft installieren lassen. Die anderen Miteigentümer*innen können dann nur noch über die Ausführung der Baumaßnahme bestimmen und keine Grundsatzentscheidung darüber treffen, ob die Lademöglichkeit gebaut werden darf.

Hier empfehle ich eine Wallbox mit einer RFID-Freischaltungsoption, bei der häufig RFID-Karten oder RFID-Transponder verschiedene Nutzer*innen zugewiesen werden können. So erhält man eine klare und eindeutige Aufschlüsselung über den pro Nutzer*in bezogenen Ladestrom und damit eine gute Basis für eine nutzungsbezogene Abrechnung.

12.11 WAS KOSTET EINE WALLBOX?

Aktuell kostet eine Wallbox zwischen 350€ und 2.500€. Hinzu kommen Ausgaben für die Installation und Abnahme der Wallbox durch Elektrofachpersonal sowie gegebenenfalls für Schutzschalter oder andere Komponenten. Die Installationskosten liegen je nach Bedingungen vor Ort zwischen 800€ und 1.500€.

12.12 SPEZIELLE AUTOSTROMTARIFE

Natürlich können Sie Ihr E-Auto auch über den normalen Hausstromtarif laden. Das lässt aber über kurz oder lang den üblichen Verbrauch stark ansteigen. Deshalb gibt es sogenannte »Autostromtarife«, mit denen Sie bis zu 20 % gegenüber Normaltarifen sparen können. Um die Stabilität des gesamten Netzes bei hoher Stromnachfrage sicherzustellen, können die Netzbetreiber beim Autostromtarif die Versorgung zur Ladestation zeitweise ein- und ausschalten. Dies wird mit geringeren Ladekosten belohnt.

Um Autostrom beziehen zu können, fordern Anbieter häufig einen Nachweis darüber, dass Sie Besitzer*in eines E-Autos sind. In der Regel reicht dafür die Kopie der Vorderseite des Fahrzeugscheines.

Bekannte Autostromtarif-Anbieter sind:

- Polarstern (*www.polarstern-energie.de/*)
- Greenpeace Energy (*bit.ly/32cMBeo*)
- Naturstrom (*bit.ly/3uLUrYH*)

12.13 ZUSCHUSS FÜR DIE WALLBOX-INSTALLATION

Die Installation von Wallboxen wird sowohl durch lokale Förderprogramme der Kommunen als auch bundesweit von der Kreditanstalt für Wiederaufbau (KfW) bezuschusst. Vergleichen Sie, welche Förderungen sich für die Installation einer Wallbox für Sie am ehesten lohnen.

Beispiele kommunaler Förderung von Wallboxen:

- Hannover: 500 € Zuschuss (Voraussetzung: Bezug von Ökostrom vom örtlichen Energieversorger)
- München: Zuschuss zur Montage und Installation mit 40 % der Kosten, maximal bis zu 3.000 € (Voraussetzung ist der Bezug von Ökostrom)
- Mainz: Zuschuss für eine Wallbox zwischen 400 € bis 600 €

Manche Energielieferanten bieten individuelle Förderprogramme mit Komplettpaketen (Wallbox, Installation, Ökostromtarif) sowie spezielle Tarife zur Nutzung der öffentlichen Ladesäulen des lokalen Energieversorgers.

Die Kreditanstalt für Wiederaufbau (KfW) gibt 900 € pro Ladepunkt (d.h. das Ladekabel oder der Ladekabelanschluss an der Wallbox). Eine Wallbox mit zwei Anschlüssen oder Ladekabeln wird mit 1.800 € gefördert. Dieser Zuschuss gilt ausschließlich für Wallboxen an privaten Stellplätzen und Wohngebäuden sowie für Eigentümer*innen und Wohneigentümer*innengemeinschaften (Mieter*innen und Vermieter*innen). Auf der Webseite der KfW wird dies sehr übersichtlich erläutert, dort finden Sie auch eine Liste der geförderten Ladestationen: *bit.ly/3uMg8bk*.

Hinweis

Eine Voraussetzung für die Förderung durch die KfW ist, dass die Wallbox ausschließlich Strom aus erneuerbaren Energien nutzt, entweder aus der eigenen Photovoltaikanlage oder vom zuständigen Energieversorger.

Wichtig: Die Förderung kommt nur zustande, wenn die Gesamtkosten den Schwellenwert von 900 € erreichen. Das bezieht sich auf alle Posten auf der Rechnung Ihre Elektrikers: Wanddurchbrüche oder Erdarbeiten sowie das Verlegen des Kabels. Andernfalls gibt es von der KfW keinen Zuschuss. Stehen auf der Gesamtrechnung beispielsweise nur 700 €, wird kein Zuschuss gewährt. Beläuft sich die Rechnung dagegen auf 1.650 €, wird der Zuschuss in Höhe von 900 € gezahlt. Die Differenz von 750 € muss selbst beglichen werden.

12.14 CHECKLISTE: WELCHE WALLBOX IST FÜR MICH AM SINNVOLLSTEN?

Um herauszufinden, welche Wallbox für Sie am sinnvollsten ist, müssen Sie sich anhand folgender Kriterien entscheiden:

- Welchen Stecker-Anschluss hat Ihr E-Auto?
- Wie lang muss das Kabel sein?
- Welche maximale Ladeleistung kann Ihr Fahrzeug über Wechselstrom beziehen? (Siehe auch die Abschnitte »Was muss ich beim Kauf einer Wallbox beachten?« auf Seite 161 und »Ladeleistung« auf Seite 162.)

Brauchen Sie einen einphasigen, zweiphasigen oder dreiphasigen Anschluss?

- Möchten Sie ein Anzeigedisplay oder reicht die LED-Anzeige aus?
- Benötigen Sie eine Freischaltungsmöglichkeit per Schlüsselschalter oder RFID?
- Ist ein integriertes Lastmanagement erforderlich?
- Brauchen Sie ein integriertes 4G-Modem?
- Brauchen Sie einen Zugriff auf die Wallbox per App?

EFAHRER.com (ein Online-Portal von CHIP und Focus) hat im Februar 2021 Wallboxen getestet (siehe *bit.ly/3rwRmux* zu den Testdetails) – hier die ersten vier Plätze:

Platzierung	Hersteller/Produkt	Preis (inkl. MwSt. und Lieferkosten)
1.	HEIDELBERG Wallbox Home Eco (3,5 m-Kabel)	ca. 400 €
2.	WEBASTO Pure	ca. 650 €
3.	ABL eMH1	ca. 650 €
4.	Innogy eMobility Ladestation	ca. 600 €

Die Wallboxen von HEIDELBERG und WEBASTO halten diese guten Platzierungen übrigens schon seit dem bekannten und immer noch lesenswerten ADAC-Test vom August 2019 (siehe *bit.ly/3v8GKnO*).

13 MIT NÜTZLICHEN LADEKARTEN UND -APPS DURCH DEN PREIS-DSCHUNGEL

Ich kann Ihnen sagen: das »sagenumwobene« Ladekarten- und Preistarif-Wirrwarr gibt es wirklich! Aber lassen Sie sich davon nicht abschrecken. Ich habe in diesem Kapitel ein paar gute Tipps und Tricks zusammengestellt, mit denen Sie gut durch diesen Dschungel kommen.

Die in diesem Kapitel aufgelisteten Tarife und Preise gelten für Dezember 2020. Da sich die Elektromobilität aktuell in rasendem Tempo weiterentwickelt, ist es möglich, dass sich die Preise und Tarife bereits geändert haben, wenn Sie dieses Kapitel lesen.

In naher Zukunft wird höchstwahrscheinlich ein einheitliches Abrechnungssystem für die unterschiedlichen Ladesäulenanbieter erfolgen.

13.1 WARUM SOLLTEN SIE NEBEN LADE-APPS AUCH LADEKARTEN BESITZEN?

Zu diesem Thema kann ich das ein oder andere Liedchen singen. Es ist schon einmal vorgekommen, dass ich vor einer Ladesäule stand, die mir meine App als »frei« angezeigt hatte, sich aber nicht freischalten ließ. Die Ladekarte konnte jedoch Abhilfe verschaffen, und schwupp: Die Authentifizierung war erfolgreich, und der Vorgang wurde gestartet.

Übrigens

Es gibt auch das umgekehrte Szenario: die laufende Ladung lässt sich nicht mehr über die App stoppen. Und weil sie über die App gestartet wurde, kann sie nicht mit der Ladekarte beendet werden. Dann ist man beim Schnellladen bis zum Ende das Ladevorgangs an die Säule gefesselt (von 80 bis 100 % vergeht nicht selten über eine Stunde oder länger). Sie könnten allenfalls versuchen, die Notentriegelung des Steckers am Fahrzeug zu betätigen, den Ladevorgang über das Fahrzeug abzubrechen oder die Hotline des Säulenbetreibers anzurufen.

Es ist also wirklich ratsam, neben der App auch eine Ladekarte zu besitzen! Für die Preisinformationen sollten Sie aber die Apps nutzen, da an den Ladesäulen selbst keine Kosten angegeben werden.

13.2 WIE KOMMEN SIE AN LADEKARTEN?

Gehen wir einmal den Bestellprozess am Beispiel der beliebten Ladekarte von EnBW mobility+ durch:

- Laden Sie die App von EnBW mobility+ aus dem App-Store.
- Registrieren Sie sich dort.
- Tippen Sie in der App auf »Tarife & Karten«.
- Wählen Sie den gewünschten Ladetarif aus.
- Akzeptieren Sie die Nutzungsbestimmungen und tippen Sie auf »Tarif aktivieren«.
- Fügen Sie die gewünschte Zahlungsart hinzu.
- Tippen Sie auf den Reiter »Ladekarten«.
- Gehen Sie auf »Neue Ladekarte bestellen«.

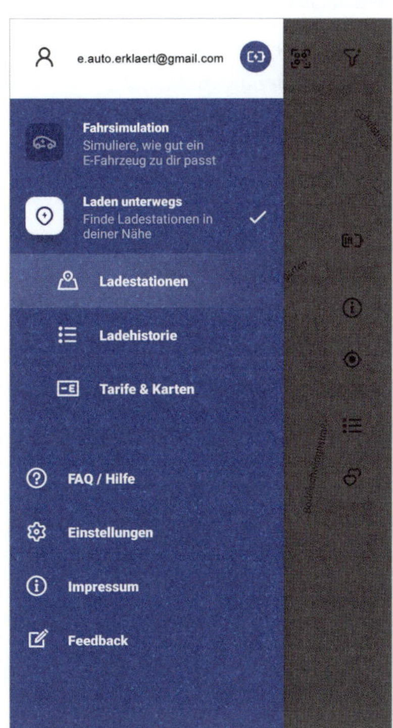

Die neue Ladekarte kommt nach erfolgreicher Bestellung innerhalb weniger Werktage per Post bei Ihnen an.

- Anschließend müssen Sie die Ladekarte in der App aktivieren. Die Aktivierung finden Sie in der Rubrik »Tarife & Laden«.
- Tippen Sie hier auf den Reiter »Ladekarten«.
- Gehen Sie auf »Ladekarte aktivieren«.
- Im Feld »Kartennummer« geben Sie die Kartennummer ein, oder Sie scannen die Ladekarte von mobility+ mit der App.

Abbildung 13.1: Der Startbildschirm der App – tippen Sie hier auf »Tarife und Karten«.

Abbildung 13.2: Hier bestellen Sie eine neue Ladekarte und aktivieren sie nach Erhalt.

Abbildung 13.3: Wählen Sie den für Sie passendsten Tarif aus.

13.3 WIE FUNKTIONIERT DAS BEZAHLEN MIT DER LADEKARTE?

Jeder Ladekarte ist ein Kund*innenkonto zugeordnet, in dem zumeist ein Zahlungsmittel hinterlegt ist, sei es nun SEPA-Lastschrift, eine Kreditkarte, PayPal oder andere Zahlungsmittel.

Die Ladekarte ist mit einem RFID-Chip ausgestattet, der durch Funk kontaktlos am RFID-Feld der Ladesäule ausgelesen werden kann. Auf diese Weise authentifizieren Sie sich beim Ladeanbieter. Nach Abschluss des Ladevorgangs kann Ihr Konto mit den Ladegebühren belastet werden.

13.4 WELCHE LADEKARTEN NUTZE ICH FÜR DAS LADEN?

Wie ich eingangs erwähnt habe, führe ich für den Fall der Fälle auch Ladekarten im Auto mit. So vermeide ich, dass ich sie versehentlich aus dem Portemonnaie entferne oder einfach zu Hause liegen lasse. Ob Sie es mir gleichtun, müssen Sie selbst entscheiden.

Diese Ladekarten benutze ich:

- ADAC eCharge (EnBW mobility+)
- EinfachStromLaden – MAINGAU
- Shell Recharge

Im Großen und Ganzen nutze ich von diesen drei gelisteten Karten nur zwei: ADAC eCharge und EinfachStromLaden von MAINGAU.

13.5 EMPFEHLENSWERTE LADE-APPS

Mit den nachfolgenden Apps habe ich gute Erfahrungen gemacht und liste sie nach der Häufigkeit meines persönlichen Gebrauchs auf. Probieren Sie selbst aus, welche Anwendungen Ihnen am meisten zusagen.

EnBW mobility+ E-Autos im Vergleich

Lassen Sie sich nicht vom Namen irritieren, es ist nach wie vor eine App, über die Sie einen Ladevorgang starten. Mehr zu »E-Autos im Vergleich« am Ende dieses Abschnitts.

Die App gibt eine übersichtliche Auskunft über alle freie Ladestationen, über die maximale Leistung der Ladesäule sowie über Tarife pro Ladestecker. Haben Sie eine Ladesäule ausgewählt, können Sie diese als Favorit markieren, über die App direkt dorthin navigieren oder über E-Mail, Social Media etc. teilen. Außerdem erhalten Sie bei einer ausgewählten Ladesäule genauere Informationen zu Betreiber, Öffnungszeiten, Zugangsmöglichkeiten (App oder Ladekarte) und ggf. zusätzlichen Gebühren.

Interessantes Gimmick (und das erklärt den Namen der App): Sie können eine Fahrsimulation starten, die Ihnen auf Basis einer aufgezeichneten Autofahrt – vielleicht mit Ihrem alten Verbrenner – ein geeignetes E-Auto vorschlägt. Sie können auch Elektrofahrzeuge auswählen (nach Größe sortiert) und sich über deren Kaufpreise und Reichweiten informieren.

Download

Abbildung 13.4: EnBW mobility+-App in Apples AppStore

Abbildung 13.5: EnBW mobility+-App in Androids PlayStore

Aufpreise

Keine Auslandsgebühren. Bei Stationen, die nicht von der EnBW stammen, gibt es auch keine Aufpreise! Ab Minute 241 wird eine zusätzliche Gebühr von 10 Cent je Minute erhoben – bis zu einem Maximalbetrag von 12 € pro Ladevorgang.

Anzahl der Ladepunkte

Über 100.000 in Deutschland, Österreich, Frankreich, Italien, Niederlanden und der Schweiz.

Mögliche Zahlungsarten

SEPA-Lastschrift oder Kreditkarte

Es gibt in der App die beiden folgenden Tarife:

Standard-Tarif	Viellader-Tarif
AC: 0,38 €/kWh	AC (bis max. 43 kWh): 0,28 €/kWh
DC: 0,48 €/kW	DC: 0,38 €/kWh
Keine Grundgebühr	Grundgebühr: 4,86 €/Monat

Tipp

Wenn Sie bereits Strom- oder Gaskund*in bei EnBW sind, erhalten Sie den günstigeren Viellader-Tarif ohne Grundgebühr.

Im Falle einer ADAC-Mitgliedschaft können Sie in der App den »ADAC e-Charge«-Tarif mithilfe Ihrer Mitgliedsnummer aktivieren. Somit erhalten Sie den günstigeren Viellader-Tarif ohne Grundgebühr!

EinfachStromLaden – MAINGAU

Aus meiner Sicht ist diese App am vielseitigsten. Man kann so ziemlich jede Ladesäule damit freischalten. Zusätzlich ist das Preismodell sehr transparent.

Download

Abbildung 13.6: Maingau-App in Apples AppStore

Abbildung 13.7: Maingau-App in Androids PlayStore

Aufpreise
Nach Überschreiten eines festgelegten Zeitlimits (siehe Tabelle unten) wird ein Standzeitzuschlag in Höhe von 9,74 Cent/min fällig. Die Auslandspreisaufschläge können Sie direkt in der App an der jeweiligen Ladesäule sehen. Oder Sie schauen auf der Website von MAINGAU nach der Auflistung der Aufschläge pro Land.

Anzahl der Ladepunkte

- über 29.000 in Deutschland
- über 61.000 in Europa

Mögliche Zahlungsarten
SEPA-Lastschrift oder Kreditkarte

Es gibt in der App die beiden folgenden Tarife (die gelisteten Preise gelten nur für Deutschland, die Kosten in anderen Ländern können Sie direkt auf der MAINGAU- Website nachprüfen).

Normalpreis	MAINGAU-Energiekunden
AC: 0,37 €/kWh	AC: 0,27 €/kWh
DC: 0,47 €/kWh	DC: 0,37 €/kWh
+ 9,74 ct Standzeitzuschlag (bei AC: ab der 240. Minute. Bei DC: ab der 60. Minute)	

ChargePoint

ChargePoint ist ein Ladenetzwerk-Anbieter, der mit verschiedenen Ladesäulen-Partnern zusammenarbeitet. Die Ladesäulen im ChargePoint-Netzwerk haben eigenständige Inhaber*innen. Jede*r Inhaber*in legt die Preise für die Säulen selbstständig fest. Daher kann hier keine Tarifaussage gemacht oder Aufpreisliste angegeben werden. Den genauen Preis pro kWh erfahren Sie, sobald Sie die gewünschte Ladesäule über die App ausgewählt haben.

Download

Abbildung 13.8: ChargePoint-App in Apples App Store

Abbildung 13.9: ChargePoint-App in Googles Playstore

Aufpreise
Keine Aufpreise

Anzahl der Ladepunkte
über 111.500 weltweit

Mögliche Zahlungsarten
Kreditkarte

Hier ist das Bezahlsystem etwas anders als bei den anderen Apps. ChargePoint basiert auf einem Kreditsystem. Bei der ersten Aufladung werden 10 € von der Kreditkarte belastet und als Guthaben auf ChargePoint verrechnet. Bei jedem weiteren Ladevorgang werden die Kosten vom Guthaben abgezogen. Sobald der Kontostand weniger als 5 € beträgt, werden automatisch wieder 10 € von der Kreditkarte abgebucht und Ihnen gutgeschrieben.

Hinweis

Bei kostenlosen Ladesäulen wird nichts berechnet. Bei einer Kündigung des ChargePoint-Kontos wird das Restguthaben zurückerstattet.

Shell Recharge (ehemals Newmotion)

Wie auch ChargePoint ist Shell Recharge ein Ladenetzwerk-Anbieter. Die App zeigt Ihnen übersichtlich die Ladepunkte an, die Sie zu Ihren persönlichen Favoriten hinzufügen können. Wählen Sie einen Ladepunkt aus, erhalten Sie eine detailliertere Ansicht, welche Stecker vorhanden oder belegt sind. Zusätzlich können Sie nach »Nur verfügbare Ladestationen«, »verschiedenen Steckertypen«, »minimalen Ladegeschwindigkeiten« und »Zugangsoptionen« filtern.

Hier sind die Preise sehr verschieden. Das hängt mit den unterschiedlichen Ladesäulen-Anbietern zusammen.

Download

Abbildung 13.10: Shell Recharge-App in Apples App Store

Abbildung 13.11: Shell Recharge-App in Googles Playstore

Aufpreise

Falls es Aufpreise gibt, sind diese in der App ersichtlich.

Anzahl der Ladepunkte

Über 150.000 in über 35 Ländern.

Mögliche Zahlungsarten

SEPA-Lastschrift

Hier eine Auflistung der wahnwitzigen Preisgestaltung:

- AC: von 0,36 €/kWh bis 0,48 €/kWh oder auch (0,48 €/kWh und 1,19 € für die Aktivierung sowie 0,02 €/min) – diesen Tarif finde ich, vorsichtig ausgedrückt, unverschämt.
- DC: von 0,36 €/kWh bis 0,57 €/kWh (Bei einigen Betreibern wird eine Aktivierungsgebühr verlangt, bei anderen zusätzlich zur Abrechnung nach Verbrauch auch noch eine zeitbasierte Abrechnung.)

IONITY

IONITY ist ein Zusammenschluss der Automobilhersteller BMW, Ford, Daimler, Volkswagen, Audi, Porsche und baut hauptsächlich entlang der Hauptverkehrsstrecken Schnellllademöglichkeiten aus, die ausschließlich mit dem CCS-Stecker ausgestattet sind.

Download
Zum Zeitpunkt der Drucklegung dieses Buches befand sich die IONITY-App in Überarbeitung und war nicht über die AppStores erhältlich. Daher kann ich Ihnen hier keinen QR-Code anbieten. Die Chancen stehen aber gut, dass Sie die App wieder herunterladen können, wenn Sie dies lesen. Suchen Sie im Appstore Ihrer Wahl einfach nach »Ionity«.

Aufpreise
Keine Aufpreise

Anzahl der Standorte
Etwa 339 in ganz Europa und davon etwa 115 in Deutschland. Ein Ladestandort besteht aus mehreren Ladepunkten. An einem Ladepunkt kann jeweils ein E-Auto laden. Ionity kommt in Europa somit auf über 1.604 Ladepunkte (*bit.ly/3uIvDkm*).

Mögliche Zahlungsarten
Kreditkarte, PayPal

Preisstruktur (Grundgebühr gibt es nicht)

- AC: 0,79 €/kWh
- DC: 0,79 €/kWh

Die genannten Preise gelten für Länder im €-Raum (Deutschland, Österreich, Italien, Spanien, Portugal, Frankreich, Belgien, Niederlande, Irland, Finnland, Litauen, Lettland, Estland, Slowakei, Slowenien). Die Preise für Nicht-€-Länder können Sie entweder der IONITY-Website entnehmen oder der App.

Plugsurfing

Plugsurfing ist wie Shell Recharge und ChargePoint ein Ladenetzwerk-Anbieter. Daher sind die Preise auch wieder von den Ladesäulen-Betreibern abhängig. Plugsurfing bietet das Laden zu Festpreisen an. Alternativ kann man ein Abo abschließen, womit man bloß einen niedrigen Preis pro kWh für das Laden zahlen muss.

Download

Abbildung 13.12: Plugsurfing-App in Apples App Store

Abbildung 13.13: Plugsurfing-App in Googles Playstore

Preismodelle

- AC-Laden in Deutschland (Abo-Modell)
  0,44 €/kWh (0,34 €/kWh)
- DC-Laden in Deutschland (Abo-Modell)
  0,54 €/kWh (0,34 €/kWh)

- DC-Laden (IONITY) in Deutschland (Abo-Modell): 0,84 €/kWh (0,34 €/kWh)
- Das Abo »Plugsurfing Plus« kostet im Monat 19,99 €.

Anzahl der Ladepunkte
Über 200.000 in ganz Europa.

Mögliche Zahlungsarten
PayPal, Kreditkarte, SEPA-Lastschrift, Sofortzahlung (Klarna)

13.6 WIE SIE BEIM »PREIS-WIRRWARR« DURCHBLICKEN

Angesichts kontinuierlicher Preisschwankungen ist es sehr schwierig, auf dem aktuellen Stand zu bleiben. Da an Ladesäulen keine Kostenauskunft zu finden ist, stellt sich die Frage, ob man dann dazu gezwungen ist, jede seiner Lade-Apps nach der günstigsten App und Ladekarte zu durchforsten?

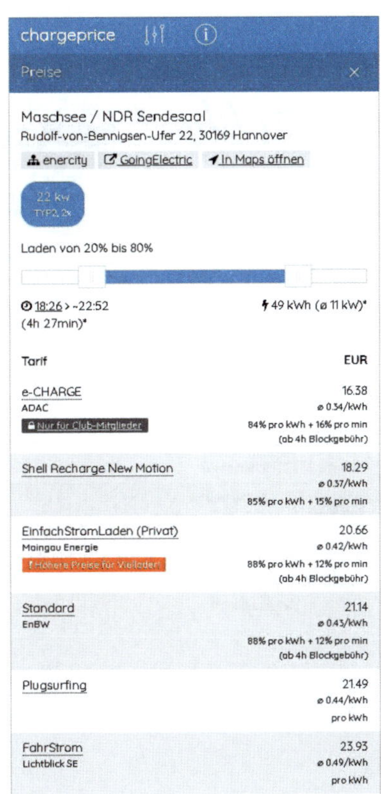

Chargeprice (Website)

Chargeprice ist eine Website (*www.charge-price.app/*), die diesen ganzen Aufwand des Preisevergleichens für Sie erledigt. Sie können dort Ihr Fahrzeug hinterlegen. Aus der Datenbank wird dann die Akkukapazität für Ihr E-Auto abgerufen. Zusätzlich sollten Sie angeben, welche Ladekarten/Apps Sie besitzen. Diese Option finden Sie unter »Meine Tarife verwalten«.

Anhand der ausgewählten Optionen berechnet die Seite die Preise an der Ladesäule. Klicken Sie auf der Karte eine Ladesäule an, können Sie zusätzlich, falls mehrere Stecker vorhanden sind, zwischen den Steckern wählen. Außerdem können Sie einstellen, mit wie viel Prozent Ihres Akkus Sie an der Säule ankommen und wie voll Sie laden möchten. Auf Grundlage dieser Auskünfte errechnet die Website die Tarife. So sehen Sie schnell, welcher am günstigsten ist.

Ladekarten-Kompass

Ich schaue gerne Anfang jedes neuen Monats auf der Website von *emobly.com* vorbei (*emobly.com/de/category/laden/ladekarten-kompass/*). Das Team macht sich die Mühe, für jeden Monat einen Ladekarten-Kompass zu erstellen. Darin ist mit einem Blick erkennbar, welcher Tarif/welche Ladekarte am günstigsten ist.

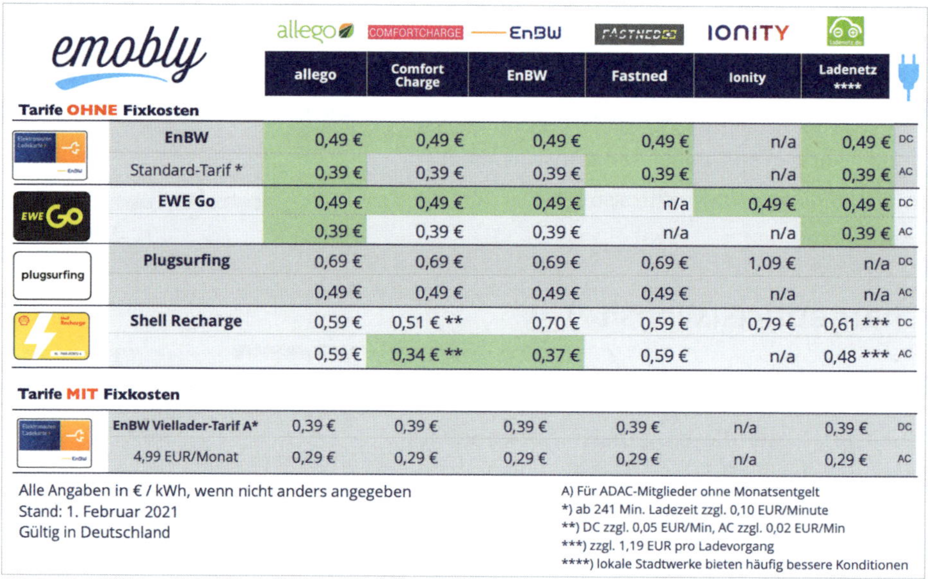

emobly

Tarife OHNE Fixkosten	allego	Comfort Charge	EnBW	Fastned	Ionity	Ladenetz ****	
EnBW	0,49 €	0,49 €	0,49 €	0,49 €	n/a	0,49 €	DC
Standard-Tarif *	0,39 €	0,39 €	0,39 €	0,39 €	n/a	0,39 €	AC
EWE Go	0,49 €	0,49 €	0,49 €	n/a	0,49 €	0,49 €	DC
	0,39 €	0,39 €	0,39 €	n/a	n/a	0,39 €	AC
Plugsurfing	0,69 €	0,69 €	0,69 €	0,69 €	1,09 €	n/a	DC
	0,49 €	0,49 €	0,49 €	0,49 €	n/a	n/a	AC
Shell Recharge	0,59 €	0,51 € **	0,70 €	0,59 €	0,79 €	0,61 ***	DC
	0,59 €	0,34 € **	0,37 €	0,59 €	n/a	0,48 ***	AC
Tarife MIT Fixkosten							
EnBW Viellader-Tarif A*	0,39 €	0,39 €	0,39 €	0,39 €	n/a	0,39 €	DC
4,99 EUR/Monat	0,29 €	0,29 €	0,29 €	0,29 €	n/a	0,29 €	AC

Alle Angaben in € / kWh, wenn nicht anders angegeben
Stand: 1. Februar 2021
Gültig in Deutschland

A) Für ADAC-Mitglieder ohne Monatsentgelt
*) ab 241 Min. Ladezeit zzgl. 0,10 EUR/Minute
**) DC zzgl. 0,05 EUR/Min, AC zzgl. 0,02 EUR/Min
***) zzgl. 1,19 EUR pro Ladevorgang
****) lokale Stadtwerke bieten häufig bessere Konditionen

14 WELCHES E-AUTO PASST ZU IHNEN?

Auf diese Frage kann man sehr schwer eine pauschale Antwort geben, da sehr viele Faktoren zum Tragen kommen. Welche das sind und was Sie unbedingt beim Kauf beachten sollten, erfahren Sie in diesem Kapitel. Allerdings: Die E-Autos, die ich Ihnen vorstellen werde, sind nur meine persönliche Empfehlung.

Ich rate Ihnen, zusätzlich einen Blick in den digitalen »ADAC Autoberater« zu werfen (*bit.ly/3g1QR8S*) – klicken Sie dort in der Kategorie »Motorart« auf »Elektro« und und engen Sie Ihre Suche gegebenenfalls mit weiteren Kriterien ein.

Ein wirklich klasse Tool ist die App von EnBW mobility+, die Sie bereits auf Seite 173 kennengelernt haben. In dieser gibt es eine Fahrsimulation, mit der Sie Ihr Fahrverhalten anhand realer Messdaten analysieren können. Auf Grundlage einer hinterlegten Datenbank wird Ihnen schließlich das jeweils passende E-Auto vorgeschlagen.

14.1 FAHRPROFIL

Wichtig bei der Auswahl des passenden E-Autos ist es, das persönliche Fahrprofil zu kennen. Hier die Fragen, mit denen Sie Ihr Fahrprofil ermitteln:

- Fahren Sie nur Stadtverkehr oder hauptsächlich Landstraßen?
- Fahren Sie täglich viel Autobahn oder möchten Sie das Auto auch für längere Strecken wie Urlaubsfahrten nutzen?
- Wie viele Personen fahren mit?
- Wie oft wird das E-Auto genutzt?
- Wo können Sie laden?

Nachfolgend habe ich eine Tabelle erstellt, die Ihnen einen möglichst schnellen Überblick über die Eignung der unterschiedlichen E-Autos verschaffen soll.

E-Auto	Preis ab	Stadtverkehr	Landstraße	Autobahn (Langstrecke)
Audi e-tron	69.100€	-	++	++
BMW i3	39.000€	++	+	-
Citroen C-Zero [1]	ca. 16.500€	++	-	--
Honda e	33.850€	++	+	+

→

Hyundai IONIQ	25.800 €	++	+	+
Hyundai Kona Elektro	34.850 €	++	+	+
Jaguar I-Pace	77.300 €	-	+	+
Kia e-Niro	34.290 €	+	+	+
Kia e-Soul	33.990 €	+	+	+
Mercedes EQC	71.281 €	-	++	+
Mini Cooper SE	32.500 €	++	+	-
Mitsubishi i-MiEV [1]	ca. 10.500 € [2]	++	-	--
Nissan Leaf	36.800 €	++	++	-
Opel Corsa-e	29.900 €	++	+	+
Peugeot e-208	30.450 €	++	+	+
Peugeot iOn [1]	ca. 13.500 €	++	-	--
Porsche Taycan	105.607 €	-	++	++
Renault ZOE	21.900 €	++	++	-
Seat Mii electric	20.650 €	++	+	--
Skoda CITIGO^{e} iV	24.990 €	++	+	--
Tesla Model 3	44.970 €	+	++	++
Tesla Model S	87.780 €	-	++	++
Tesla Model X	92.680 €	-	++	++
VW e-Golf [1]	ca. 22.000 €	++	+	-
VW e-up!	21.975 €	++	+	--
VW ID.3	ab. 34.113 €	++	+	+

++ sehr gut + gut - ausreichend -- mangelhaft
[1] Produktion eingestellt [2] Gebrauchtpreis

Die Bewertung der Fahrzeuge erfolgte nach Fahrzeuggröße, möglicher Reichweite und mögliche Ladegeschwindigkeit. Ich erhebe mit der Liste keinen Anspruch auf Vollständigkeit.

14.2 TÄGLICHE FAHRSTRECKE

Viele schrecken vor dem Kauf eines E-Autos wegen der sogenannten »Reichweitenangst« zurück. Es wird unter anderem bemängelt, der Akku sei zu klein und die Reichweit somit eingeschränkt.

Denken Sie jetzt kurz darüber nach, wie viel Strecke Sie tatsächlich pro Tag zurücklegen! Wissenschaftler*innen des Wuppertaler Instituts für Klima, Umwelt und Energie kamen zu dem Ergebnis, dass im Jahr 2007 an 4 von 5 Tagen Strecken von maximal 40 km zurückgelegt wurden (*bit.ly/3t7HDeA*). Solche Distanzen sind für E-Autos überhaupt kein Problem.

14.3 KRITERIEN, AUF DIE MAN BEIM KAUF ACHTEN SOLLTE

Werfen wir einen genaueren Blick auf die Kriterien für Ihre Kaufentscheidung.

Reichweite

Die Angabe der Reichweite mit dem NEFZ-Zyklus ist veraltet und wurde am 01.09.2017 durch das WLTP-Messverfahren ersetzt. Achten Sie daher bei der Reichweitenangabe darauf, dass diese auf dem WLTP (Worldwide harmonized Light Duty Test Procedure) Messverfahren basiert. WLTP-Verbrauchsangaben sind präziser und wirklichkeitsnäher, wobei Sie von der angegebenen Reichweite dennoch ca. 10–20 % abziehen sollten, um einigermaßen realistische Werte zu erhalten.

So verbraucht der Tesla Model 3 LR im WLTP 16 kWh/100 km. Meine Verbräuche beliefen sich im Schnitt auf 18 kWh/100 km.

Trauen Sie übrigens nie zu 100 % den Reichweitenangaben der Hersteller. Wie auch bei Verbrennern sind die Verbräuche der E-Autos beschönigt und unter keinen realen Bedingungen ermittelt worden.

Rechenbeispiel

Die Akkukapazität beträgt 75 kWh. Der errechnete Verbrauch (+10 bis 20 %): 18 kWh/100 km.

Realistische Reichweite ermitteln

Akkukapazität/errechneter Verbrauch × 100 km, also:
75 kWh / 18 kWh × 100 km = **416 km**

Akku kaufen oder mieten?

Diese Frage hat sich seit Ende 2020 erledigt. Viele Hersteller boten bis dato an, bei Kauf oder Leasing eines E-Autos den Akku lediglich zu mieten. Damit wollten sie der Sorge der Kund*innen entgegenwirken, dass die Akkus zu schnell an Kapazität und damit an Wert verlieren würden. Es stellte sich zwischenzeitlich jedoch heraus, dass diese Bedenken unbegründet waren, denn: Selbst nach weit über 100.000 km Laufleistung lag die Kapazität der Akkus noch bei über 80 % des Neuzustandes (vorausgesetzt, sie wurden nicht immer über Schnelllader aufgeladen). Daher bietet aktuell kein Hersteller mehr Akku-Miete für den Neuwagenkauf an. Beim Erwerb eines Gebrauchtwagens können bestehende Akku-Mietverträge allerdings einfach übernommen werden.

Übrigens

Alle Fahrzeughersteller geben eine zeitlich- oder laufleistungsgebundene Garantie auf den Akku. Im Schnitt liegt die etwa bei 70 % nutzbarer Restkapazität nach etwa 8 Jahren bzw. zwischen 100.000 km bis 160.000 km gefahrenen Kilometern. Beim Tesla Model 3 gibt es eine Garantie von 8 Jahren oder 160.000 km (je nachdem, was zuerst eintritt). Außerdem wird Gewähr für eine Mindestbatteriekapazität von 70 % übernommen.

Lademöglichkeiten

Entscheidend ist, dass Sie sich *vor* dem E-Autokauf mit dem Thema »Laden« beschäftigen.

- Welche Ladeinfrastruktur gibt es in Ihrer Umgebung? Eine Übersicht finden Sie im interaktiven »StandortTOOL« des Bundesministeriums für Verkehr und digitale Infrastruktur: *bit.ly/3a5Ysze.*
- Können Sie am Arbeitsplatz laden?
- Können Sie zu Hause laden?
- Können Sie zu Hause eine Wallbox installieren?
- Benötigen Sie zu Hause überhaupt eine Lademöglichkeit?

Anhand Ihrer Antworten können Sie abwägen, ob Sie nicht doch eine größere Akkukapazität als Ausstattungsvariante wählen. So hätten Sie mehr Puffer, falls Sie nicht zu Hause laden können.

Ladeleistung

Wichtig ist auch das Thema »Ladeleistung«. Der limitierende Faktor ist eben nicht wie oft vermutet die Ladesäule, sondern die Ladeelektronik im E-Auto!

Haben Sie die Möglichkeit zu Hause, an ihrem Arbeitsplatz oder an öffentlichen Ladesäulen zu laden, sollten Sie auf die mögliche Ladegeschwindigkeit ihres Gefährts achten. E-Autos sind imstande, mit mindestens 11 kW AC zu laden, noch besser sind allerdings 22 kW.

Fahren Sie hingegen lange Strecken und viel auf der Autobahn, ist eine Schnelllademöglichkeit über einen CCS-Anschluss essenziell. Würde ich heute ein neues E-Auto kaufen, dann müsste es einen solchen besitzen!

Ein modernes E-Auto sollte je nach Akkugröße mindestens mit 50 kW DC oder – das wird der kommende Mittelklasse-Standard – 100 kW DC laden können. Nachfolgend finden Sie eine Liste mit Fahrzeugen und ihren spezifischen Ladeleistungen:

E-Auto	Ladeleistung (AC) (Höchstwerte)	Ladeleistung (DC) (Höchstwerte)
Audi e-tron	bis zu 22 kW	150 kW
BMW i3	11 kW	50 kW
Honda e	6,6 kW	50 kW
Hyundai IONIQ	6,6kW	70 kW
Hyundai Kona Elektro	11 kW	78 kW
Jaguar I-Pace	11 kW	100 kW
Kia e-Niro	10,5 kW	100 kW
Kia e-Soul	10,5 kW	77 kW
Mercedes EQC	11 kW	110 kW
Mini Cooper SE	11 kW	50 kW
Opel Corsa-e	11 kW	100 kW
Peugeot e-208	11 kW	100 kW
Porsche Taycan	bis zu 22 kW	270 kW
Renault ZOE	bis zu 22 kW	50 kW
Tesla Model 3	11 kW	250 kW
Tesla Model S	bis zu 22 kW	150 kW
Tesla Model X	bis zu 22 kW	150 kW
VW ID.3	11 kW	100 kW

Tipp

Der Ladeanbieter Fastned hält unter *bit.ly/3bv1vlJ* nähere Angaben zum Ladeverhalten einiger E-Autos vor – darunter auch Ladekurven. Mehr dazu im Abschnitt »Ladekurve« auf Seite 191.

Platzangebot

Prüfen Sie, ob Ihnen das potenzielle Fahrzeug auch genügend Platz bietet! Vielleicht möchten Sie mit dem E-Auto mal in den Urlaub fahren und dementsprechend etwas mehr Gepäck mitnehmen.

Für einige E-Autos wurde eine neue Bauplattform verwendet, da Antrieb und Energieversorgung weniger Platz benötigen als Motor und Antriebstrang bei einem Verbrenner. Der Akku ist im Unterboden des Fahrzeugs verbaut. Damit ergeben sich ganz neue Möglichkeiten, den Innenraum größer und angenehmer zu gestalten.

Andere E-Autos nutzen die gleiche Fahrzeugbasis wie Verbrenner. Das hat zur Folge, dass im Unterboden kein Platz für Akkus vorhanden ist, weil er ja für Abgasanlage, dem Getriebe, der Kardanwelle etc. reserviert war. Bei diesen Autos befinden sich die Akkus zumeist unter den Sitzen der hinteren Bank und im Kofferraum – wo es dann an Stauraum fehlt.

Ein weiterer Vorteil einer rein elektrischen Plattform besteht darin, dass sie durch die kleinere Antriebseinheit einen vorderen Kofferraum ermöglicht, der auch »frunk« genannt wird (Kofferwort, das sich aus »front« (vorne) und »trunk« (Kofferraum) zusammensetzt).

Schließlich ist die »Reserverad-Mulde« im Kofferraum wesentlich größer. Durch Entfernen des Kofferraumbodens lässt sich der Kofferraum oft erweitern.

Garantien

Da der Akku das teuerste am gesamten Wagen ist, spielt die Garantie darauf eine sehr große Rolle. Viele Hersteller geben mittlerweile eine 8-jährige Garantie auf den Fahrzeug-Akku (u.U. gebunden an eine Laufleistung). Lesen Sie sich die Garantiebedingungen unbedingt genau durch – in manchen Fällen geben die Hersteller Hinweise auf eine Gewährleistung für die Restkapazität.

Hinweis

Im Durchschnitt garantieren die Hersteller für den Akku 8 Jahre, 160.000 km und 70 % Restkapazität.

Leider erhält man die Bescheinigung über die Garantie oft nicht automatisch. Lassen Sie sich also direkt beim Autokauf eine schriftliche Bestätigung aushändigen. Denn im Laufe der nächsten Jahre könnten sich die Garantiebestimmungen eventuell nachteilig für Sie ändern.

Design

Das Aussehen eines E-Autos ist in gewisser Weise eine Herzensangelegenheit, auch wenn es technisch betrachtet irrelevant ist. Ich empfehle Ihnen, zunächst die technischen und finanziellen Aspekte in den Blick zu nehmen, ehe Sie sich mit Designfragen beschäftigen. Haben Sie das getan und stehen mehrere Kandidaten zur Auswahl, können Sie Ihre Entscheidung anhand des Aussehens treffen.

14.4 LADEKURVE

Ein sehr wichtiges Thema für das Laden auf Langstreckenfahrten ist nicht, wie die meisten denken, die Ladegeschwindigkeit oder die Reichweite, sondern vielmehr die Ladekurve. Diese gibt Auskunft darüber, wie lange das Fahrzeug eine bestimmte Ladeleistung halten kann. Somit bestimmt die Ladekurve auch, wie schnell ein Fahrzeug wieder aufgeladen und abfahrbereit ist.

Hier die Ladekurve von einem Audi e-tron Quattro 55 an Schnellladern mit unterschiedlichen Ladeleistungen:

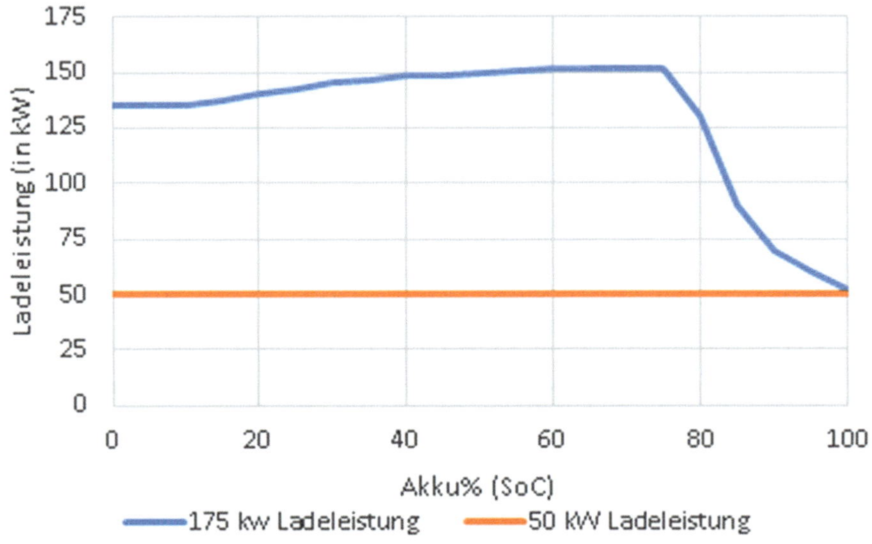

Abbildung 14.1: Ladekurve eines Audi e-tron Quattro 55

Sie sehen, dass die Ladeleistung des Audi e-tron am Schnelllader ab ca. 80 % SoC drastisch abfällt, das Auto zuvor aber (von 0 % bis 80 % SoC) sehr lange schnell geladen werden kann. Somit steht das Fahrzeug relativ kurz an der Schnellladesäule – im Vergleich zu anderen E-Autos wie etwa dem ID.3 1ST oder ID.3(Pro) von Volkswagen. Dessen Ladeleistung wird mit 100 kW angegeben – doch schauen Sie auf der Fastned-Seite unter *bit.ly/3queXdV* nach. Die volle Ladeleistung an einem 150 kW-Lader erreicht der ID.3 gerade mal bis zu einem Ladestand von 30 %, danach verlangsamt sich die Ladegeschwindigkeit deutlich.

14.5 WAS IST AVAS?

»AVAS« steht für »Acoustic Vehicle Alert System« (»Fahrzeug-Warngeräusch-Generator«) und ist bei allen Fahrzeugen, die ab dem 01.07.2021 neu zugelassen werden, Pflicht. Es soll Fußgänger*innen, Radfahrer*innen und Sehbehinderten bzw. Blinden helfen, ein E-Auto selbst dann zu bemerken, wenn es noch zu langsam fährt, um ein Fahrgeräusch zu erzeugen.

Das System ist im Prinzip ein Lautsprecher, der vorne im Fahrzeug installiert ist. Dieser erzeugt ein Geräusch, das bei einigen Fahrzeugen fast Science-fiction-artig klingt. Das System wird aktiv, wenn das Auto langsamer als 30 km/h fährt (auch beim Rückwärtsfahren). Bei über 30 km/h schaltet es sich ab, weil die Abroll- und andere Fahrgeräusche von da an laut genug sind.

Hinweis

Das Fahrzeug kann einen Schalter zum Deaktivieren des AVAS-Systems haben. Es ist aber vorgeschrieben, dass dieses beim Start automatisch eingeschaltet ist. Das AVAS-System wird übrigens – unter bestimmten Voraussetzungen – zusätzlich mit 100 € vom BAFA gefördert – mehr dazu im Abschnitt »Umweltbonus« auf Seite 52.

14.6 GEBRAUCHTE E-AUTOS: WORAUF SOLLTEN SIE SPEZIELL ACHTEN?

Beim Kauf von gebrauchten E-Autos sollten Sie die generellen Tipps zum Gebrauchtwagenkauf berücksichtigen. Die Laufleistung spielt bei ihnen jedoch – anders als beim herkömmlichen Verbrenner – eine eher untergeordnete Rolle. Ihr Werteverlust fällt daher wesentlich geringer aus als der eines Verbrenners – trotz der »Angst« um den teuren Akku.

Speziell bei gebrauchten E-Autos sollten Sie aber auf folgende Punkte achten:

Akku

Entscheidend beim gebrauchten E-Auto ist der Zustand des Akkus! Als teuerstes Bauteil des Fahrzeugs bedarf er besonderer Pflege. Es ist völlig normal, dass er nach einer gewissen Laufleistung und Anzahl an Ladevorgängen etwas Kapazität verliert (siehe den Abschnitt »Akku-Alterung (Degradation)« auf Seite 99).

Die Parameter des Akkus lassen sich von einer auf E-Autos spezialisierten Werkstatt auslesen, so dass sich die die restliche nutzbare Kapazität und der damit verbundene »Gesundheitszustand« (State of Health, SoH) ermitteln lässt.

Wenn Sie ein gebrauchtes E-Auto kaufen, geht die Restgarantie des Akkus auf Sie über.

Tipp

Achten Sie beim E-Auto darauf, dass es über ein Batterie-Management-System verfügt. Dieses System überwacht neben dem Batteriezustand die Spannung der Zellen, den Batteriestrom und die Temperatur. Es heizt den Akku bei Kälte und kühlt ihn bei Hitze, wodurch er langlebiger wird.

Achtung

Bei niedrigen Kilometerständen ist Vorsicht geboten! Das könnte auf lange Standzeiten hindeuten, bei denen die Akkus möglicherweise voll geladen oder tiefenentladen waren. Dies erhöht das Risiko von Akkuschäden!

Bremsen

Die Bremsen beim E-Auto verschleißen deutlich weniger als beim Verbrenner. Das liegt hauptsächlich an der Rekuperation (siehe Abschnitt »Rekuperation« auf Seite 42). Grundsätzlich ist das von Vorteil, allerdings besteht die Gefahr, dass die Bremsscheiben aufgrund der geringen Nutzung rosten. Wie Sie die Bremsen beim E-Auto richtig pflegen, erfahren Sie im Abschnitt »Pflege der Bremsen« auf Seite 216.

Reifen

Da ein E-Auto ein höheres Anfahrdrehmoment besitzt, besteht die Möglichkeit, dass sich die Reifen schneller abnutzen. Prüfen Sie daher bei der Besichtigung Ihres potenziellen E-Autos die Profiltiefe der Reifen. Befindet sie sich unterhalb des gesetzlich vorgeschriebenen Wertes, lässt sich mit der*dem Verkäufer*in bestimmt ein Preisnachlass oder sogar ein neuer Satz Reifen aushandeln.

Hochvoltleitungen

Hochvoltleitungen erkennen Sie an der orangenen Kabelummantelung. Sie sollten auf keinen Fall von nicht ausgebildetem Personal berührt werden! Dennoch sollten Sie diese auf Marderbisse oder ähnliche Schäden untersuchen, die sowohl gefährlich sein als auch hohe Kosten verursachen können.

Leider verlaufen die Hochvoltleitungen meist verdeckt. Manchmal jedoch hat man die Möglichkeit, die Leitungen im »Motorraum« in Augenschein zu nehmen.

Heizung und Klimaanlage

Die Heizung und Klimaanlage sollten bei der Überprüfung schon nach wenigen Minuten mit voller Leistung funktionieren. Das lässt sich auch in geschlossenen Räumen testen, ohne das Fahrzeug zu bewegen.

Ladekabel und Zubehör

Überprüfen Sie, welches Zubehör und welche Ladekabel vorhanden sind. Halten Sie diese sowie die Feststellung ihres Zustandes unbedingt in Ihrem Kaufvertrag fest.

Probefahrt

Für die Probefahrt mit einem E-Auto gilt das gleiche, was auch bei einem gebrauchten Verbrenner zu beachten ist (abgesehen vom Motorgeräusch natürlich). Zusätzlich sollten Sie einen Reichweitentest durchführen. Dafür muss das Auto vollgeladen sein. Im Test fahren Sie den Akku unter möglichst realistischen Fahrbedingen fast leer, um die Reichweite zu ermitteln.

Bei dieser Gelegenheit sollten Sie auch gleich einen Ladetest durchführen, am besten an einem Triple-Charger mittels AC- und DC-Ladung. So können sie auch prüfen, ob die Ladeelektronik einwandfrei funktioniert. Laden Sie jeweils einmal mittels AC und DC. Bei der Überprüfung muss das Fahrzeug nicht immer vollgeladen werden.

Umweltbonus auf gebrauchte E-Autos

Auch für gebrauchte E-Autos können Sie einen Umweltbonus beantragen. Somit lässt sich der Preis um 7.500 € (5.000 € Bundesanteil, 2.500 € Herstelleranteil) reduzieren. Allerdings nur, wenn der Gebrauchtwagen bestimmte Voraussetzungen erfüllt:

- Nicht älter als 12 Monate ab Erstzulassung
- Im Falle einer Zweitzulassung muss die Erstzulassung nach dem 04.11.2019 erfolgt worden sein
- Nicht mehr als 15.000 km Laufleistung
- Das Auto darf nachweislich nicht durch den Umweltbonus oder vergleichbare staatliche Förderungen gefördert worden sein.

14.7 E-AUTOS LEASEN?

Das ist natürlich möglich, und Sie profitieren davon sogar, da die Akku-Technologie noch sehr stark in Entwicklung begriffen ist. Mit Leasing können Sie ganz entspannt auf E-Mobilität setzen und müssen sich keine Gedanken über mögliche Wertverluste machen.

Allerdings ist das Leasen eines E-Autos derzeit teurer als das eines Verbrenners, was am höheren Kaufpreis von ersterem liegt.

Folgendes sollten Sie bei Leasingverträgen beachten:

Laufzeit

Je kürzer die Laufzeit ist, desto höher sind die monatlichen Beiträge und umgekehrt. Wenn Sie ein E-Auto über einen längeren Zeitraum ausprobieren möchten, eignen sich Laufzeiten von ca. 6 Monaten.

Kilometerleasing

Beim sogenannten »Kilometerleasing« gibt es eine Obergrenze für die gefahrenen Kilometer innerhalb der vertraglich vereinbarten Laufzeit. Nicht selten wird eine zusätzliche Toleranz von 2.500 km gewährt. Zeigt der Kilometerzähler bei der Abgabe allerdings mehr an als vertraglich vereinbart, wird man zur Kasse gebeten.

Restwertleasing

Beim Restwertleasing hat man selbst keinen so richtigen Überblick darüber, wie das E-Auto bei der Abgabe bewertet wird. Es wird im Vertrag ein gewisser Restwert vereinbart, den das E-Auto bei der Abgabe haben sollte und ein Gutachter ermittelt. Liegt der Wert unter dem vertraglich vereinbarten, muss man die Differenz begleichen. Befindet er sich jedoch darüber, bekommt man Geld zurück. Der Restwert hängt von vielen Faktoren ab und lässt sich im Vorfeld nur sehr schwer absehen.

Dem gegenüber ist das Kilometerleasing übersichtlicher und einfacher einzuschätzen!

Umweltbonus beim Leasing?

Sowohl ein privates als auch gewerbliches Leasing lohnt sich bei E-Autos! Denn beide Leasingarten profitieren vom Umweltbonus.

Seit dem 16.11.2020 gilt eine neue Richtlinie, die die Förderbeiträge in Beziehung zur Leasingdauer staffelt. Leasingverträge mit einer Laufzeit ab 23 Monaten erhalten die volle Förderung von bis zu 9.000 €.

Leasinglaufzeit	Förderung von bis zu	Mindesthaltedauer
6–11 Monate	4.500 €	6 Monate
12–23 Monate	6.000 €	12 Monate
über 23 Monate	9.000 €	24 Monate

- **Privates Leasing**
  Sie erhalten einen Umweltbonus von bis zu 9.000 € sowie die 10-jährige Kfz-Steuerbefreiung (Stand Dezember 2020).

- **Gewerbliches Leasing**
  Zusätzlich zu den bis zu 9.000 € Umweltbonus profitieren Sie von steuerlichen Vorzügen (Stand Dezember 2020). Neben der 10-jährigen Steuerbefreiung darf bei der zusätzlichen privaten Nutzung der geldwerte Vorteil von 1 % auf 0,25 % reduziert werden. Außerdem können Sie die monatlichen Raten für das E-Auto von Ihrem Gewinn abziehen.

15 TIPPS ZUR REISEPLANUNG

Wenn Sie längere Routen planen, empfehle ich Ihnen, einen Blick auf »A better Routeplanner« zu werfen (zu finden entweder auf der Website unter *abetterrouteplanner.com* oder als App). Dieses Tool nimmt Ihnen viel Arbeit ab. Zum einen berechnet es die Anzahl und die Dauer nötiger Ladestopps, zum anderen schlägt es gemäß Ihren Einstellungen unterschiedliche Ladepunkte vor.

Das Stromtankstellenverzeichnis von »GoingElectric« lege ich Ihnen nahe, wenn Sie nach der nächsten Ladesäule suchen.

15.1 »A BETTER ROUTEPLANNER«

»A Better Routeplanner« ist ein sehr gutes Routenplanungstool für E-Autos (verfügbar als Website und als App). Damit lassen sich neben Ihrem Start- und Zielort auch Zwischenstopps einfügen. Zusätzlich können Sie zu jedem Ort oder Zwischenstopp angeben, mit welchem Akkustand Sie eintreffen möchten. Natürlich ist die Option »Hin- und Rückweg« auch vorhanden.

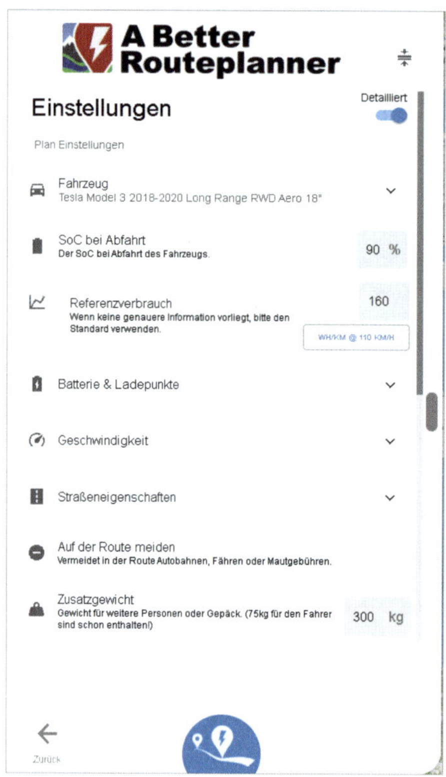

Wegpunkt	SoC Ankunft	SoC Abfahrt	Kosten	Ladezeit	Distanz	Fahrtdauer	Ankunft	Abfahrt
Geibelstraße		90%			222 km	2 h		21:00
Kirchheim (Tal) [Ionity]	12%	58%	26 €	13 min	124 km	58 min	23:00	23:13
Riedener Wald West [Ionity]	10%	53%	24 €	12 min	118 km	1 h 1 min	00:12	00:24
Shell Tankstelle Äußere Bayreuther Straße [EnBW]	10%	48%		11 min	90 km	47 min	01:25	01:36
Köschinger Forst West [Ionity]	15%	67%	29 €	16 min	156 km	1 h 14 min	02:23	02:39
Samerberg Süd [Ionity]	10%	79%	39 €	24 min	190 km	1 h 35 min	03:53	04:16
Eisentratten [Ionity]	10%	80%	39 €	24 min	104 km	58 min	05:52	06:16
Radovljica south (Karavanke - Ljubljana) [Petrol]	49%	59%		11 min	145 km	1 h 9 min	07:14	07:25
Koper [Ionity]	11%	63%	30 €	16 min	86 km	1 h	08:34	08:50
Rovinj, Hrvatska	40%						09:51	
329,3 kWh Ø 248 Wh/km			**187 €**	**2 h 7 min**	**1235 km**	**10 h 43 min**	**12 h 51 min**	

In den Einstellungen können Sie auswählen, mit welchem E-Auto Sie die Strecke fahren. Die passenden Verbrauchsdaten werden aus der internen Datenbank abgerufen.

Website

abetterrouteplanner.com/

Download

Abbildung 15.1: A Better Routeplanner-App in Apples App Store

Abbildung 15.2: A Better Routeplanner-App in Googles Playstore

Folgende weitere Werte können Sie einstellen bzw. werden automatisch ergänzt:

- SoC bei Abfahrt (Angabe in Prozent)
- Referenzverbrauch (Wh/km bei 110 km/h)
  - Ein in der internen Datenbank des Tools hinterlegter Verbrauch.
  - Alternativ können Sie auch den eigenen Verbrauch angeben.
- Batterie & Ladepunkte
  - Auswahl der zu nutzenden Ladeanschlüsse: (CCS, CHAdeMO, Typ 2, Tesla Supercharger)
  - Ladesäulenverfügbarkeit: zeigt in Echtzeit, ob der Tesla Supercharger zur geplanten Ankunftszeit frei sein wird (Premium-Option) – gilt nicht für andere Ladesäulen.
  - Netzwerkvorgaben: bestimmte Ladesäulenbetreiber bevorzugen, vermeiden oder ausschließlich nutzen.
  - SoC bei Ankunft: das erlaubte Minimal-SoC bei der Ankunft am Ziel.
  - SoC bei Ankunft an einem Ladepunkt: der minimal erlaubte SoC bei der Ankunft an einem beliebigen Weg- oder Ladepunkt.
  - Max. SoC beim Laden: der maximal erlaubte SoC bei Ladevorgängen.
  - Batteriedegradation: in Prozent. Standard sind 5 % bei allen Fahrzeugen.
  - Ladezeitaufwand: der zeitliche Aufwand für jeden Ladestopp (Auffinden der Ladesäule, anschließen und Ladestart)
- Geschwindigkeit
  - Echtzeit-Verkehr: verwendet Echtzeit-Verkehrsdaten für den ersten Routenabschnitt.
  - Referenzgeschwindigkeit: legt die Reisegeschwindigkeit fest. 110 % bedeutet 10 % über dem geltenden Geschwindigkeitslimit.

  - Maximalgeschwindigkeit: die maximale Geschwindigkeit, die der Planer annimmt – selbst wenn das Limit auf den Straßen höher ist.
  - Geschwindigkeitsanpassung: ermöglicht dem Planer das Herabsetzen der Maximalgeschwindigkeit für einzelne Streckenabschnitte, um den nächsten Ladestopp zu erreichen.
- Straßeneigenschaften
  - Echtzeitwetterdaten: Nutzung von Live-Daten für Temperatur und Wetter (Premium Funktion).
  - Wind: Windgeschwindigkeiten, Gegen- oder Rückenwind (beeinflusst den Verbrauch).
  - Temperatur: Außentemperatur für die Planung (beeinflusst den Verbrauch).
  - Straßeneigenschaften: trockene Straßen, Regen Schnee oder Starkregen (beeinflusst den Verbrauch).
  - Auf Route vermeiden: vermeidet auf der Route zusätzlich Schnellstraßen, Maut oder Fähren.
  - Zusatzgewicht: Angaben von Zusatzgewicht (beeinflusst den Verbrauch).

Anhand dieser angegebenen Werte berechnet das Tool die in puncto Lade- und Reisezeit optimalste Route für Sie. Zusätzlich listet der Planer die Ladekosten auf, sofern die Tarife in der Datenbank hinterlegt sind.

15.2 »GOINGELECTRIC-STROMTANKSTELLEN«

Das Stromtankstellenverzeichnis von »GoingElectric« listet eine sehr große Anzahl an verfügbaren Ladesäulen in Deutschland und Europa sowie zusätzliche Informationen zu ihnen auf. Nutzer*innen haben die Möglichkeit, neue Ladesäulen zu melden, die schließlich in das Verzeichnis aufgenommen werden. Somit erweitert sich die Liste des Stromtankstellen-Verzeichnisses stetig.

Wählen Sie eine Ladesäule aus, werden nähere Details zu ihr aufgeführt, wie zum Beispiel die Anschlüsse oder der zuständige Betreiber (oft mit gelisteter Website und Telefonnummer). Bei vielen Ladesäulen sind auch Fotos in den Details abgebildet, das erleichtert die Suche.

Zusätzlich können Sie den Details entnehmen, ob die Säule per »Ad-hoc-Ladung«, Ladekarte oder App freischaltbar ist. Ein Kostenrechner kalkuliert anhand Ihres angegebenen E-Autos und ausgewählten Ladeanschlusses auch die potenziellen Kosten.

Auf der Seite können Sie unter »Optionen« die Ladesäulen nach folgenden Kriterien genauer filtern:

- Ladeanschluss (Steckertyp)
- Ladeverbund
- Ladekarte (hier können Sie Ladekarten, die Sie besitzen, einhaken)
- Kostenlos parken
- Kostenlos laden
- Ohne Vertrag/Registrierung nutzbar
- Nur verifizierte Ladesäulen
- Ladesäulen mit Störung ausschließen
- 24/7 zugänglich

Wenn Sie GoingElectric auf dem Smartphone nutzen möchten, müssen Sie auf andere Apps ausweichen – eine generische »GoingElectric«-App gibt es nicht. Empfehlen kann ich Ihnen die Apps »ChargeEV« (für iOS) und »Nextplug« (für Android). Beide nutzen die Daten von GoingElectric.

Website
www.goingelectric.de/stromtankstellen/

Download

Abbildung 15.3: ChargeEV-App in Apples App

Abbildung 15.4: StoreNextplug-App im Apple App Store

16 TIPPS ZUR REICHWEITENOPTIMIERUNG

In diesem Kapitel möchte ich Ihnen einige Tipps geben, wie Sie zusätzlich Reichweite bei Ihrem E-Auto »generieren« können.

16.1 GESCHWINDIGKEIT

Ab einer Geschwindigkeit von ca. 80 km/h macht sich der steigende Luftwiderstand bemerkbar – er wächst im Quadrat zur Geschwindigkeit. Somit ist der Luftwiderstand bei 120 km/h doppelt und bei 160 km/h sogar schon viermal so hoch wie bei 80 km/h.

Kurz: Falls die angezeigte Reichweite nicht zum Ziel oder zur nächsten Ladesäule ausreicht, hilft es, die Geschwindigkeit zu reduzieren.

16.2 VORAUSSCHAUENDE FAHRWEISE

Mit vorausschauender Fahrweise können Sie viel zusätzliche Reichweite aus dem Akku kitzeln. Vermeiden Sie abrupte Beschleunigungen oder Bremsvorgänge und rollen Sie nach Möglichkeit, statt zu rekuperieren (Neutral-Stellung »N«, etwa auf der Autobahn). Bei vorausschauender Fahrweise kann dieses »Segeln« einen positiven Effekt auf die Reichweite haben. Wie Sie im Abschnitt zur »Rekuperation« auf Seite 42 gelernt haben, werden beim Rekuperieren nur etwa 2/3 der Energie zurückgewonnen – daher kann »Segeln« die bessere Alternative darstellen, wenn es die Fahrsituation erlaubt.

16.3 GEFÄLLESTRECKEN NUTZEN

Bei längeren Gefällestrecken lohnt es sich, zu »segeln« . Überschreiten Sie dann die Reisegeschwindigkeit, können Sie durch Schalten in »D« wieder rekuperieren und Energie zurückgewinnen. Somit geht die wertvolle Energie nicht in Form von Abwärme über die Bremsanlage verloren.

Sie können allerdings auch permanent in »D« bleiben und rekuperieren – das lohnt vor allem bei längeren Streckenabschnitten, die steil bergab gehen. Unterschreiten Sie dabei die Reisegeschwindigkeit, können Sie wieder etwas Strom über das Strompedal geben.

16.4 REIFENDRUCK

Durch einen höheren Reifendruck verringert sich der Rollwiderstand der Reifen und somit auch der Verbrauch. Allerdings sollten Sie bedenken, dass die Reifen dann keinen optimalen Kontakt mit der Fahrbahn haben, was die Haftung reduziert.

Bei einem höheren Reifendruck werden übrigens auch die Radaufhängungen, Stoßdämpfer, Radlager usw. stärker durch Fahrbahnunebenheiten belastet. Das kann früher oder später zu einer erhöhten Abnutzung der Bauteile führen, was wiederum teure Reparaturen nach sich zieht.

Ich für meinen Teil habe meine Reifen nur minimal über Werksangabe befüllt. Die Werksangaben für den Reifendruck finden Sie im mitgelieferten Handbuch im Handschuhfach. Alternativ öffnen Sie die Tür und werfen einen Blick auf den Rahmen. Dort finden Sie bei einigen Herstellern eine Tabelle mit den Werksangaben. Werden Sie dort nicht fündig, schauen Sie auf der Innenseite der Ladeklappe nach.

16.5 REIFENART

Es gibt Reifen, die speziell für E-Autos entwickelt werden, sogenannte »Tall and Narrow«-Reifen, die hoch und schmal ausgeführt sind. Dadurch ändert sich ihr Luftwiderstand, und auch der Rollwiderstand wird verbessert.

Übrigens gibt es noch Leichtlaufreifen, die durch eine spezielle Laufflächenmischung einen niedrigen Rollwiderstand haben und somit bis zu 15 % mehr Reichweite ermöglichen sollen. Die Leichtlaufreifen erkennt man anhand einer A-Wertung beim Reifenlabel.

Achten Sie bitte bei der Auswahl der Reifen darauf, dass sie eine gute Benotung in der Kategorie »Nasshaftung« haben.

16.6 FELGENGRÖSSE

Die Felgengröße ist ebenfalls von Bedeutung. Wenn es Ihnen auf viel Reichweite und effizientes Fahren ankommt, bestellen Sie nach Möglichkeit ein Fahrzeug mit einem kleineren Felgendurchmesser. Auf die kleineren Felgen kommen schließlich auch kleinere Reifen, das vermindert den Rollwiderstand.

Ein Beispiel: Die Reichweite einer Renault ZOE mit 15-Zoll-Felgen beträgt (mit 52 kWh-Akku) bis zu 395 km. Mit 17 Zoll kommt die Renault ZOE nur noch bis zu 360 km weit (beide Reichweitenwerte basieren auf Herstellerangaben).

16.7 GESCHLOSSENE FELGEN/RADKAPPEN

Was viele nicht bedenken: Die Felgen sorgen während der Fahrt für Luftverwirbelungen und somit für einen erhöhten Luftwiderstand. Das lässt sich mit besonderen Felgen oder Radkappen allerdings verhindern. Sogenannte »geschlossene Felgen« oder »Aero Wheels« sind besonders aerodynamisch. Sie verringern die Luftverwirbelungen und senken dadurch den Luftwiderstand. Die »Aero Wheels« vom Tesla Model 3 erhöhen laut Tests bei hohen Geschwindigkeiten die Reichweite um bis zu 3 %.

Abbildung 16.1: Geschlossene Radkappe von einem Tesla Model 3 (Quelle: eigenes Foto)

16.8 INNENRAUMTEMPERATUR SENKEN

Für mich selbst kommt es nicht infrage, im Winter die Innenraumtemperatur drastisch zu reduzieren. Der Vollständigkeit halber möchte ich Ihnen diesen Punkt aber nicht vorenthalten. Denn die Temperierung ist bei E-Autos ein sehr großer Energiefresser – es gibt ja keine Motorabwärme.

Um also etwas mehr Reichweite herauszukitzeln, können Sie die Heizung einfach niedriger einstellen (18–19 °C) und sich dicker anziehen. Eine optimale Einstellung im Winter ist, das Gebläse zwischen Stufe 1 und 3 laufen, die Klimaanlage ausgeschaltet zu lassen und zusätzlich die Luftumwälzung (Umluft) zu nutzen.

So lässt sich nochmals ein ordentliches Quäntchen Reichweite herausholen.

16.9 SITZHEIZUNG

Anstelle der Innenraumheizung sollten Sie einfach die Sitzheizung nutzen (falls vorhanden). Sie ist viel effizienter und benötigt weniger Energie als ein Heizelement für die Innenraumlüftungsanlage.

16.10 FENSTER SCHLIESSEN

Geöffnete Fenster am Fahrzeug erhöhen den Luftwiderstand und den damit verbundenen Verbrauch. Es ist übrigens wesentlich effizienter, im Sommer mit eingeschalteter Klimaanlage zu fahren als mit geöffnetem Fenster.

16.11 HEIZEN/KÜHLEN VOR FAHRTANTRITT

Vor dem Fahrtantritt sollte der Innenraum des Fahrzeugs entsprechend geheizt oder gekühlt werden. Das geschieht im Optimalfall, während das Fahrzeug lädt. So wird für die Temperierung keine Energie aus dem Akku entnommen, sondern direkt aus der Ladesäule.

Auf diese Weise muss das E-Auto die Temperatur nur noch für die Fahrt aufrechterhalten.

16.12 BELADUNG MINIMIEREN

Zusätzliche Ladung fällt dank Akku bei den ohnehin schweren E-Autos nicht so stark ins Gewicht, kostet aber immer ein paar Prozent an Reichweite. Daher ist es sinnvoll, die Beladung weitestgehend zu minimieren.

16.13 ECO-MODUS

Einige Fahrzeuge (wie etwa die ZOE von Renault) bieten einen ECO-Modus an, der etwa über einen Knopf ein- und ausgeschaltet wird. Der ECO-Modus drosselt die Leistung des Elektromotors (während eines Überholvorgangs sollten Sie ihn daher kurz deaktivieren oder das Strompedal für einen sogenannten »Kickdown« durchtreten, um kurzfristig mehr Leistung zu bekommen). Bei einigen Fahrzeugen wird zusätzlich die Heiz- und Klimaleistung reduziert, um weniger Energie zu verbrauchen.

Vor allem im Stadtverkehr oder auf der Landstraße ermöglicht der ECO-Modus zusätzliche Reichweite.

17 PFLEGE EINES E-AUTOS

Das Wichtigste bei der Pflege eines E-Autos ist das richtige Laden und die Vermeidung von extremen Ladeständen.

17.1 AKKUPFLEGE

Generell gilt

Extreme Ladestände wie Entladung (0 %) oder auch eine Vollladung (100 %) über längere Zeit wirken sich negativ auf den Zustand des Akkus aus. Tesla beispielsweise rät ausdrücklich davon ab, das Auto vollgeladen länger als ein paar Stunden stehen zu lassen – fragen Sie also den Hersteller Ihres E-Autos, was er empfiehlt. Allgemein gilt: die Zellen im Akku fühlen sich zwischen 20 % und 80 % SoC am wohlsten. Wenn Sie Ihr E-Auto über längere Zeit stehen lassen wollen, sollte der Akkustand ca. 50 % betragen.

Akkuladung limitieren

Sollten Sie eine Vollladung verhindern wollen, gibt es im Fahrzeug oder per App oft die Möglichkeit, ein Ladelimit oder ein -zeitfenster einzustellen. Beim Definieren eines Zeitfensters müssen Sie ein wenig rechnen: Wie hoch ist die Differenz zwischen aktuellem und gewünschtem Akkustand, und wie hoch ist die Ladeleistung? Teilen Sie die Differenz durch die Ladeleistung, und Sie haben die Dauer des Ladefensters in Stunden.

Schnellladungen wirken sich ebenfalls negativ auf die Lebensdauer des Akkus aus. Wenn es nicht notwendig ist, laden Sie besser langsam an der heimischen Wallbox oder Steckdose.

Die Temperatur hat ebenfalls einen Einfluss auf den Akku. Idealerweise liegt sie zwischen 15 °C und 25 °C. Extreme Kälte oder Hitze beeinflussen die Leistung des Akkus. Bei häufiger und hoher Leistungsabnahme (Durchtreten des Strompedals) kann es bei solchen Temperaturen zur Reduzierung der Akku-Lebensdauer kommen.

Im Alltag empfehle ich einen maximalen Akkustand von 80–90 %. Wenn man verreist und das E-Auto zu Hause bleibt, empfehle ich, das Fahrzeug mit etwa 50 % Akkustand abzustellen.

Die komplette Entladung des Akkus sollte stets vermieden werden!

Brutto- und Nettokapazität Ihres Akkus

Die werksseitig angegebene Kapazität Ihres Akkus lässt sich nicht im vollen Umfang nutzen, denn sie enthält einen Sicherheitspuffer, der vom Hersteller gegen Nutzung gesperrt ist. Dieser Puffer soll das komplette Entladen und das komplette »Voll-Laden« verhindern. Denn in diesen Grenzbereichen erreichen die Zellen Spannungen, die die Lebensdauer und Qualität des Akkus beeinträchtigt.

Die werkseitig angegebene Akkukapazität ist immer die »Bruttokapazität« des Akkus. Die letztendlich zur Verfügung stehende Kapazität bezeichnet man als »Nettokapazität«. **Die Reichweitenanzeige im Fahrzeug bezieht sich immer auf die Nettokapazität des Akkus.** Ein Beispiel: Bei einem Akku mit einer Bruttokapazität von 85 kWh werden ungefähr 10 % als Sicherheitspuffer verwendet – hier stünde Ihnen also nur eine Nettokapazität von 76,5 kWh zur Verfügung. Die Größe des Sicherheitspuffers variiert je nach Akku-Hersteller, verwendeten Materialien, Bauart und vielen andere Faktoren – es lässt sich hier keine generelle Aussage treffen. Wenn es Sie interessiert, fragen Sie bei Ihrem Händler nach, wie groß der Sicherheitspuffer bei Ihrem gewünschten E-Auto ist.

Das Gleiche gilt für die untere Kapazitätsgrenze – wenn Ihre Ladestandanzeige 0 % meldet, sind womöglich noch 5–10 % Ladung im Akku enthalten, die aber ebenfalls nicht genutzt werden können. Allerdings sind bei 0 % in der Regel noch ein paar Restkilometer drin, um mit letzter Not noch eine Ladesäule erreichen zu können.

Wichtig

Sie sollten bei einem Ladestand von 0 % nicht davon ausgehen, dass noch genügend Restkilometer zur Verfügung stehen. Ich kenne Fälle, da war an dem Punkt wirklich Schluss und das Auto wollte sich keinen Meter mehr bewegen.

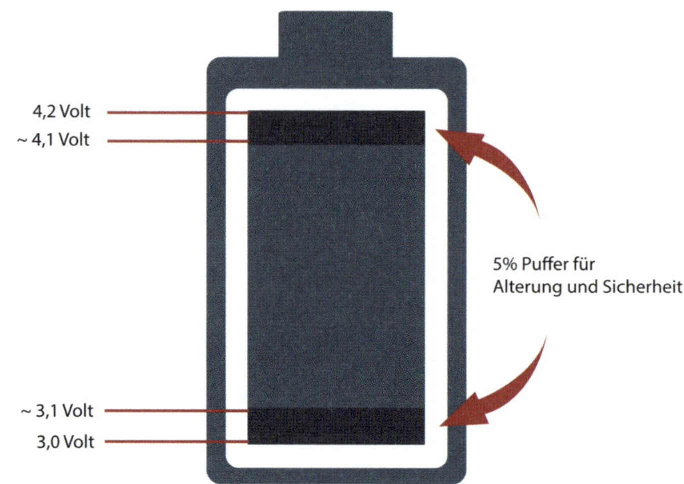

Abbildung 17.1: Der Bereich zwischen den beiden Puffern ist die Nettokapazität Ihres Akkus – die Ladestandsanzeige zeigt nur diesen Bereich. Die Puffer »sehen« Sie nicht und sie sind für Sie auch nicht nutzbar.

17.2 WASCHANLAGE

Natürlich dürfen Sie mit Ihrem E-Auto auch in die Waschanlage. Sie brauchen sich keine Gedanken über mögliche Kurzschlüsse oder ähnliches zu machen. Vor einem Waschanlagenbesuch sollten Sie trotzdem im Fahrzeughandbuch nachschlagen, ob es etwas Spezielles zu beachten gilt. Es kann nicht schaden – im Handbuch zur Renault ZOE findet man etwa den Hinweis, dass die Wasserdruckstrahler bei der Vorreinigung nicht auf die Ladeklappe gerichtet werden sollten.

Zusätzlich empfiehlt es sich, darauf zu achten, dass die Ladeklappe an Ihrem E-Auto geschlossen ist und sich auch nicht öffnen lässt, sobald Sie darauf drücken. Und Sie sollten das Auto niemals waschen, während es gerade aufgeladen wird!

17.3 FLÜSSIGKEITEN, ÖLWECHSEL

E-Autos besitzen keine Zahnriemen, Ölfilter oder Zündkerzen. Auch haben Sie weniger Betriebsstoffe wie Motoröl oder Kühlflüssigkeiten.

Dennoch gibt es bei einem E-Auto drei Flüssigkeiten, die regelmäßig gewartet/nachgefüllt werden müssen.

Scheibenwischerflüssigkeit

Wie bei einem klassischen Verbrenner müssen Sie bestimmt auch mal die Scheibenwischerflüssigkeit auffüllen.

Batteriekühlmittel

Bei manchen E-Autos ist das Wechseln des Batteriekühlmittels in regelmäßigen Abständen vorgeschrieben. Fragen Sie bei Ihrem Hersteller nach oder werfen Sie einen Blick in das Fahrzeughandbuch.

Bremsflüssigkeit

Unabhängig von der Laufleistung sollte die Bremsflüssigkeit spätestes alle zwei Jahre gewechselt werden. Das liegt – wie bei Verbrennern – daran, dass Bremsflüssigkeit Wasser bindet, was deren Siedepunkt senkt. Bei starker Erhitzung der Bremsflüssigkeit können sich infolgedessen Luftbläschen bilden, die die Kraftübertragung beim Bremsvorgang mindern – bis hin zum Totalausfall.

17.4 BREMSEN, REIFEN UND CO.

Kommen wir nun zu den Verschleißteilen, die laufleistungsabhängig sind.

Reifen

Die weit verbreitete Behauptung, dass die Reifen auf den/der Antriebsachse/n von E-Autos schneller verschleißen als bei Verbrennern, lässt sich so pauschal nicht bestätigen. Es stimmt insoweit als E-Autos ein viel höheres Anfahrdrehmoment als Verbrenner haben. Gleichzeitig spielt der persönliche Fahrstil natürlich auch eine Rolle. Schnelle Ampelstarts oder ruckartige Beschleunigungen aus dem

Stand sowie Kurvenfahrten mit höherer Geschwindigkeit verursachen einen erhöhten Verschleiß.

Ein Entwicklungsmanager von Nokian Tyres, ein Produzent von Premium-Reifen, erklärt, warum E-Autos grundsätzlich einen geringeren Reifenverschleiß haben als Verbrenner:

»*Reifen eines modernen Elektrofahrzeugs nutzen sich wesentlich langsamer ab als bei einem Fahrzeug mit traditionellem Verbrennungsmotor. Das liegt in der guten Traktionskontrolle begründet. Die Fahrassistenzsysteme reduzieren Schlupf dank der schnellen Leistungsanpassung des Elektromotors. Diese Systematik reagiert viel schneller als bei Verbrennern, bei denen sie auf dem Bremsvorgang und dem Begrenzen der Motorendrehzahl basiert.*«, so Mikko Liukkula, Entwicklungsmanager von Nokian Tyres. Dies habe sich bei über 12.000 km Strecke mit einem Tesla im Winter gezeigt, wo Liukkula lediglich 1 mm Profiltiefe verbraucht habe (*bit.ly/30vPuq8*).

Tipp

Ich rate Ihnen, bei jedem Reifenwechsel die Profiltiefe zu messen und zu dokumentieren. So können Sie abschätzen, wie schnell die Reifen bei Ihrem Fahrstil verschleißen.

Pflege der Bremsen

Da man beim Fahren mit einem E-Auto oft die Rekuperation nutzt, halten die Bremsen deutlich länger als bei einem vergleichbaren Verbrenner. Allerdings erhöht sich durch das seltenere Bremsen auch das Rostrisiko.

Es schadet also nicht, ab und zu mal beherzt auf die Bremse zu treten. Dabei wird der oberflächliche Rost abgetragen, und die Bremsen greifen anschließend besser.

Innenraumluftfilter

Wie bei einem Verbrenner muss auch der Innenraumfilter gewechselt werden. Autoclubs empfehlen, den Luftfilter mindestens einmal pro Jahr oder alle 15.000 km zu wechseln. Tesla dagegen rät dazu, alle 2 Jahre einen Wechsel des Filters vorzunehmen. Ein untrügliches Anzeichen dafür, dass ein Austausch ansteht, ist ein deutlich verminderter Luftstrom sowie eventuell störender Geruch.

Trockenmittelbeutel der Klimaanlage

Wann das Trockenmittel der Klimaanlage ersetzt werden soll, hängt ganz von der Automarke ab. Tesla schreibt beispielsweise beim Model 3 einen Austausch des Trockenmittels nach 6 Jahren vor.

Fragen Sie dazu bei Ihrem Fahrzeughersteller nach oder werfen Sie einen Blick in das Handbuch Ihres Fahrzeuges.

18 VERSICHERUNG

Wie auch beim Verbrennerfahrzeug ist beim E-Auto eine Haftpflichtversicherung gesetzlich vorgeschrieben. Der Abschluss einer Teil- und Vollkaskoversicherung ist auch hier freiwillig. Die Versicherungsprämie wird nach Leistung des E-Autos berechnet. Hinzu kommen von diversen Versicherungen freiwillige Öko-Rabatte – hier müssen Sie vergleichen.

Sie sollten bei der Auswahl der Versicherung auf folgende Besonderheiten achten.

18.1 AKKUVERSICHERUNG

Wichtig bei der Auswahl der Versicherung ist, dass der Akku mitversichert wird. Er ist schließlich das wertvollste Teil des E-Autos.

Sie sollten darauf achten, dass die Versicherung die folgenden Schadensfälle bei Ihrem Akku abdeckt:

- Tiefenentladung
- Überladung
- Bedienfehler
- Kurzschluss- und Folgeschäden
- Ladestation und -kabel
- Tierbissfolgeschäden
- Neuwertentschädigung
- Entsorgungskosten (sollen übernommen werden)

Wenn der Akku gemietet ist, brauchen Sie nicht auf eine zusätzliche Versicherung zu achten (dies ist allerdings nur noch bei gebrauchten E-Autos der Fall, siehe dazu Abschnitt »Akku kaufen oder mieten?« auf Seite 187).

18.2 VERSICHERUNG FÜRS ABSCHLEPPEN

Auch das Abschleppen eines E-Autos sollte versichert sein. Es kann dabei über die Antriebsachse(n) zur Erzeugung von Strom kommen, der die Fahrzeugelektronik beschädigt. Daher sollten E-Autos nur über kurze Distanz geschoben oder gezogen werden. Abschleppen sollte man sie nur auf einem Hänger.

19 UNFALL/PANNENFALL

Wie immer gilt bei einem Unfall oder einer Panne:

- Rechts ranfahren
- Warnblinklicht einschalten
- Zündschlüssel rausziehen/Motor ausschalten
- Warnweste anziehen
- Warndreieck aufstellen
- Bei Verletzten sofort Erste Hilfe leisten und den Notruf/Pannendienst rufen

Achten Sie weiterhin darauf, nicht mit beschädigten Kabeln oder austretender Flüssigkeit in Berührung zu kommen!

Achtung

Berühren Sie nie die orangefarbenen Hochvoltleitungen! Nur ausgebildetes Personal darf an diesen Komponenten Arbeiten durchführen.

19.1 UNFALL

Bei einem Unfall (Airbags haben ausgelöst) wird der Stromfluss vom Akku automatisch unterbrochen. Dadurch ist Erste Hilfe an Personen auch ohne erhöhte Eigengefährdung möglich.

Kritisch wird es allerdings, wenn der Akku durch den Unfall so stark deformiert oder beschädigt wurde, dass ein interner Kurzschluss entsteht. Dann kommt es zu einem Akkubrand, der nur sehr schwer zu löschen ist.

Empfehlung

Ich empfehle Ihnen immer, eine Rettungskarte im Fahrzeug mitzuführen, damit Rettungskräfte sich im Notfall einen schnellen Überblick über bauliche Besonderheiten Ihres E-Autos verschaffen können. Im Idealfall ist die Rettungskarte hinter der Sonnenblende des Fahrer*innenplatzes zu finden oder ein Aufkleber am Auto weist auf ihre Aufbewahrungsstelle hin.

Rettungskarten für Ihr Fahrzeug finden Sie beispielsweise beim ADAC unter *bit.ly/3geQebU*.

19.2 PANNENFALL

Bei einer Panne geht im Regelfall keine elektrische Gefährdung vom Fahrzeug aus. Pannenhilfe ist daher grundsätzlich möglich.

Eine Reifenpanne können Sie zumeist bedenkenlos selbst beheben. Achten Sie beim Aufbocken darauf, den Wagenheber immer an die dafür vorgesehenen Punkte Ihres Fahrzeugs anzusetzen. Somit wird eine Beschädigung des Akkus vermieden. Wo genau sich diese Punkte befinden, entnehmen Sie dem Fahrzeughandbuch.

19.3 12V-BATTERIE LEER?

Ein E-Auto besitzt ebenso wie ein herkömmlicher Verbrenner eine 12V-Batterie, die zum Starten des Fahrzeugs dient, aber auch die typischen elektrischen Verbraucher versorgt (Beleuchtung, Warnblinker, Ver-/Entriegelung, Radio, Innenbeleuchtung etc.). Der Akku des E-Autos wird erst zugeschaltet, wenn Sie die Zündung betätigen.

Die 12V-Batterie dient für den Fall, dass der Hochvoltakku ausfallen sollte, auch als zusätzlicher Sicherheitspuffer für die Servolenkung.

Auch beim E-Auto kann es übrigens vorkommen, dass der Motor nicht anspringt. Das liegt zumeist an der leeren 12V-Batterie. Holen Sie sich dann keinesfalls Starthilfe bei einem Verbrenner – die Elektronik Ihres E-Autos könnte sonst ernsten Schaden nehmen. Am besten, Sie haben für so einen Fall eine neue 12V-Batterie zur Hand.

19.4 ABSCHLEPPEN?

Generell lässt sich ein E-Auto mit einem LKW mit Ladekran oder Radrollern abschleppen. Bei verunfallten E-Autos mit Schäden an Karosserie, Fahrwerk, Lenkung oder dem Hochvoltsystem schreiben die meisten Hersteller einen Abtransport vor. Beim Abschleppen mit Hubbrille (eine Fahrzeugachse wird angehoben, die andere Fahrzeugachse rollt frei) kann es, falls das Fahrzeug auf der Antriebsachse rollt, zu Schäden am Hochvoltsystem kommen.

19.5 BRAND VON E-AUTOS

Wie ich schon zu Anfang des Buches erwähnt habe, kommen Brände bei E-Autos viel seltener vor als bei herkömmlichen Verbrennern. Trotzdem möchte ich das Brandbekämpfungsverfahren von E-Autos kurz erläutern.

Zum Löschen eines Akkubrandes ist deutlich mehr Wasser notwendig als beim Brand eines Verbrenners. Da jedoch nicht der gesamte Akku gelöscht werden kann, versucht man das Feuer auf einige Zellen zu beschränken, so dass der andere Teil des Akkus nicht ausbrennt.

Die Feuerwehr muss nach dem Löschen die Temperatur des Akkus überwachen, kann er sich doch innerhalb von 72 Stunden neuerlich entzünden. Deshalb werden E-Autos, deren Akku gebrannt hat, häufig in sogenannten »Lösch-Containern« untergebracht. Das Prinzip ist einfach: Das E-Auto wird in den geöffneten Container gezogen oder gehoben, wo es schließlich mit Wasser geflutet wird.

Ein Problem stellt allerdings das Lösch- und Kühlwasser dar. Laut einer Analyse der Eidgenössischen Materialprüfungs- und Forschungsanstalt (EMPA) war die chemische Belastung des Löschwassers um das 70-fache höher als es die schweizerischen Grenzwerte für Industrieabwässer zulassen. Das Kühlwasser lag bis um das 100-fache über dem Grenzwert. Ohne vorherige fachgerechte Behandlung darf das belastete Wasser nicht in die Kanalisation geführt werden. Weiterhin muss auch der Untergrund, auf dem der Brand stattgefunden hat, dekontaminiert bzw. abgetragen werden.

Diese Problematik gilt allerdings ebenso für Fahrzeuge mit Verbrennungsmotor.

Falls doch mal ein Brand bei Ihrem E-Auto entstehen sollte, ergreifen Sie folgende Maßnahmen:

- Verlassen Sie das Auto so schnell wie möglich.
- Melden Sie den Brand bei der Feuerwehr und weisen Sie darauf hin, dass es sich um ein E-Auto handelt.
- Bleiben Sie dem Auto fern: Von Airbags, Reifen, Stoßdämpfern und dem Akku selbst gehen eine hohe Gefahr aus. Nähern Sie sich auch dem gelöschten Fahrzeug nicht, bis es von der Feuerwehr gestattet wird.

20 SIND E-AUTOS DIE ZUKUNFT?

Aus meiner Sicht sind E-Autos nicht unbedingt die Zukunft, sondern eher der nächste Schritt. Natürlich befindet sich die gesamte E-Mobilität noch am Anfang der Entwicklung. Verfolgt man allerdings die Berichterstattung in den Medien, werden fast täglich neue Studien und Forschungen zur Akkutechnik veröffentlicht. Wir dürfen also gespannt sein, was die Zeit noch bringen wird. Vielleicht versteifen wir uns aber auch zu sehr auf die Mobilität auf dem Boden. VTOL (Vertical Take-Off and Landing) bezeichnet Fahrzeuge, die senkrecht starten und landen können. Man kann sie sich als eine Art Drohne in Helikoptergröße vorstellen. Sie sollen vor allem in Städten zum Einsatz kommen und elektrisch betrieben werden. VTOLs würden auf jeden Fall die rollenden Blechlawinen auf den Straßen reduzieren.

Vor allem das Thema »Feststoffakkus« (siehe Seite 99) dürfte in naher Zukunft interessant werden. In Labortests lassen sich damit bereits Energiedichten von 400 Wh/kg realisieren. Zum Vergleich: Die neue Lithium-Ionen-Generation bringt es gerade mal auf 250–300 Wh/kg.

20.1 WASSERSTOFF UND BRENNSTOFFZELLEN

Der Vollständigkeit halber möchte ich kurz auf den »Brennstoffzellen-Antrieb« eingehen. Brennstoffzellen-Fahrzeuge sind eher unter den Begriff »Wasserstoff-Fahrzeuge« bekannt. Dadurch, dass sie in der Regel einen Elektromotor haben, der durch Wasserstoff angetrieben wird, gehören sie ebenfalls der Kategorie »E-Auto« an. Trotz der landläufigen Meinung, dass Wasserstoff-Fahrzeuge keinen Akku besitzen, ist einer verbaut. Er ist zwar deutlich kleiner als bei einem E-Auto, dient allerdings auch nur als »Zwischenpuffer« für die erzeugte Energie aus dem Wasserstoff sowie für die zurückgewonnene Energie aus der Rekuperation.

Aktuell gibt es nur sehr wenige Wasserstoff-Fahrzeuge, die zudem teurer sind als E-Autos. Zudem existieren nur 92 Wasserstofftankstellen in ganz Deutschland. Weitere drei befinden sich in der Planungsphase (Stand Mai 2021, Quelle: *h2.live*).

Funktionsprinzip einer Brennstoffzelle

Im Wasserstoff-Fahrzeug ist wie beim Verbrenner ein Tank verbaut. Der Fertigungsaufwand dafür ist recht hoch, zum einen, weil er einen sehr hohen Druck von bis zu 700 bar aushalten muss, zum anderen wegen der Flüchtigkeit von Wasserstoff.

Vom Tank wird der Wasserstoff in die Brennstoffzelle befördert. Dort wird Strom aus dem Wasserstoff gewonnen. Den Strom erhält man durch eine Umkehrung der Elektrolyse (energieintensives Verfahren, mit dem Wasserstoff aus Wasser und Sauerstoff erzeugt wird). Bei der Stromerzeugung im Fahrzeug fallen als »Abfallprodukte« reines Wasser (das als Dampf über die »Abgasanlage« austritt) sowie Wärme an.

Die Brennstoffzelle funktioniert so: An der Anode wird Wasserstoff eingespeist, an der Kathode Sauerstoff. An der Anode trennen sich die Wasserstoffmoleküle in Ionen und Elektronen. Beide möchten zur Kathode wandern, um sich dort mit dem Sauerstoff zu reinem Wasser zu verbinden, aber nur die Wasserstoffionen können die PEM-(Polymer-Elektrolyt-)Membran durchdringen, die Wasser- und Sauerstoff voneinander trennt. Die Wasserstoffelektronen können nicht passieren und müssen einen Umweg über eine Leitung nehmen, die Anode und Kathode verbindet – dadurch fließt Strom.

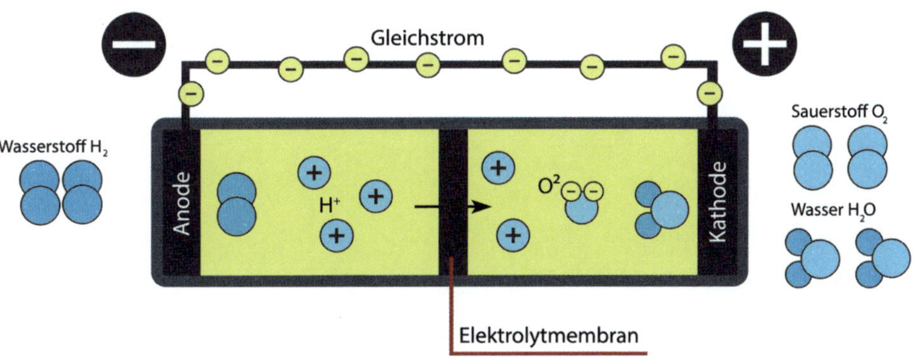

Abbildung 20.1: Funktionsprinzip einer Brennstoffzelle (Quelle: eigene Erstellung)

Effizienz von Brennstoffzellen-Antrieben

Im Abschnitt »Wasserstoff ist viel effizienter« auf Seite 39 erläutere ich, warum Wasserstoff als Brennstoffzellenantrieb im Vergleich mit einem »akkugetriebenen« E-Auto einen so geringeren Wirkungsgrad hat.

Speicherung des Wasserstoffes

Wasserstoff wird an den jeweiligen Tankstellen entweder gasförmig unter hohem Druck (350 bar oder 700 bar) oder flüssig bei –253 °C in superisolierten doppelwandigen Tanks gespeichert. Zwischen den Doppelwänden der Tanks befinden sich Isolationsmaterialien in einem Vakuum. Diese Technik soll dafür sorgen, dass das extrem flüchtige Element Wasserstoff nicht durch den Tank diffundiert. Um den Wasserstoff auf solchen extrem niedrigen Temperaturen zu halten, wird zudem permanent Strom benötigt.

Welche Brennstoffzellen-Fahrzeuge gibt es aktuell?

Es gibt aktuell in Deutschland nur eine Handvoll erwerbbarer Brennstoffzellen-Fahrzeuge:

Hyundai Nexo

- Kaufpreis: ab 69.000 €
- Reichweite: 756 km
- Tankvolumen: 6,33 kg
- Durchschnittsverbrauch: 0,84 kg/100 km (NEFZ)

Mercedes-Benz GLC F-CELL
(Produktion im April 2020 eingestellt)

- Kaufpreis: nur zum Full-Service-Mietmodell erwerbbar
- Reichweite: 529 km
- Tankvolumen: 4,4 kg
- Durchschnittsverbrauch: 0,34 kg/100 km (NEFZ)

Hyundai ix35 Fuel Cell
(nur noch als Gebrauchtwagen)

- Neupreis: ab 65.450 €
- Gebraucht: ab 23.000 €
- Reichweite: 594 km
- Tankvolumen: 5,64 kg
- Durchschnittsverbrauch: 0,95 kg/100 km

Toyota MIRAI

- Kaufpreis: ab 78.600 €
- Reichweite: 500 km
- Tankvolumen: 5,0 kg
- Durchschnittsverbrauch: 0,76 kg/100 km

21 TESLA FAHRZEUGE (REFERRAL-CODE – WEITEREMPFEHLUNGSCODE)

Jede*r Besitzer*in eines Tesla erhält einen eigenen Code. Interessenten können mit ihm Neu- oder Bestandsfahrzeuge bei Tesla erwerben. Wird er verwendet, erhalten Käufer*innen 1.500 Gratis-Kilometer am Tesla Supercharger-Netzwerk (Stand Mai 2021). Die Person, von der der Weiterempfehlungscode stammt (in dem Fall: ich), wird ebenfalls mit 1.500 Gratis-Kilometer am Tesla Supercharger-Netzwerk belohnt.

Mein persönlicher Weiterempfehlungscode

ts.la/timo70192

Die 1.500 Gratis-Kilometer sollten Sie bei Interesse unbedingt mitnehmen, da Tesla Ihnen keinen anderweitigen Rabatt anbieten wird. Man erhält sie auch nur dann, wenn man den Weiterempfehlungscode verwendet.

INDEX

B

C

D

E

M

Z